高等职业教育**计算机类专业**系列教材

（大数据技术专业）

嵌入式系统及应用

主　编　付少华

参　编　叶光显　张一帆　谢统辉　彭　岚

重庆大学出版社

内容提要

本书以 STM32F103 芯片为处理器,设计了 15 个项目,在内容安排和教学活动中立足学生的知识基础,按照循序渐进、由易到难的特点,使初学者容易入门。书中的每个编程案例都以任务的形式出现,包括教学目标、任务描述、任务分析、相关知识、任务实施、任务小结、考核评价等,接线图、程序、接口、芯片等都已经过作者在实验开发板上验证。

本书适合人工智能技术应用、嵌入式技术与应用、物联网应用技术等电子信息类专业的在校大专院校、职业学校及相关行业的工程技术人员使用,也可以供参加相关专业技能大赛的选手使用。

图书在版编目(CIP)数据

嵌入式系统及应用 / 付少华主编. -- 重庆 : 重庆
大学出版社, 2023.9(2025.9 重印)
高等职业教育大数据技术专业系列教材
ISBN 978-7-5689-4185-3

Ⅰ. ①嵌… Ⅱ. ①付… Ⅲ. ①微型计算机—系统设计
—高等职业教育—教材 Ⅳ. ①TP360.21

中国国家版本馆 CIP 数据核字(2023)第 181896 号

嵌入式系统及应用

主 编 付少华
参 编 叶光显 张一帆
谢统辉 彭 岚
策划编辑:鲁 黎

责任编辑:姜 凤   版式设计:鲁 黎
责任校对:刘志刚   责任印制:张 策

*

重庆大学出版社出版发行
社址:重庆市沙坪坝区大学城西路 21 号
邮编:401331
电话:(023)88617190 88617185(中小学)
传真:(023)88617186 88617166
网址:http://www.cqup.com.cn
邮箱:fxk@cqup.com.cn(营销中心)
重庆正文印务有限公司印刷

*

开本:787mm×1092mm 1/16 印张:11 字数:256 千
2023 年 9 月第 1 版   2025 年 9 月第 2 次印刷
印数:1 001—2 000
ISBN 978-7-5689-4185-3 定价:39.00 元

前　言

本书结合全国职业院校和世界技能大赛的赛题、行业规范标准,采用新形态数字化资源形式,书中的重要知识点均配备在线课程的二维码,可供学生线上线下混合学习,同时每个项目都融入了课程思政内容,让学生在学习专业技术的同时,加强热爱祖国、遵纪守法的教育以及严谨细致的学习态度培养。本书介绍了嵌入式系统及应用STM32F103 芯片的编程方法,包括软件安装应用、发光二极管设计及应用、数码管显示设计及应用、按键控制设计及应用、中断控制设计及应用、定时器设计及应用、串口通信设计及应用、点阵显示设计及应用、LCD 显示设计及应用、OLED 显示设计及应用、摇杆模块设计及应用、步进电机设计及应用、温湿度传感器设计及应用、超声波传感器设计及应用、环境质量传感器设计及应用共 15 个典型应用项目。书中的每个编程案例都以任务的形式出现,包括任务描述、任务分析、相关知识、任务实施、任务小结、考核评价,书中所有的接线图、程序、接口、芯片等都已经过作者在实验开发板上验证。

由于书中的项目多选自技能大赛和企业中的真实任务,是"引领"职业院校嵌入式系统及编程等课程教学的方向,因此本书对职业学校电子信息类实习课程有很好的指导作用。

全书建议教学学时为 64 学时,如果分散排课,建议每周 8 学时;如果集中排课,建议用 6 周时间。本书提供丰富的学习资源,包括在线课程、教学 PPT、教案、编程开发板、原理图、程序源代码等。

本书由重庆工程职业技术学院付少华担任主编,广东三向智能科技股份有限公司叶光显、重庆工程职业技术学院张一帆、中山市技师学院谢统辉、重庆铁路运输技师学院彭岚参编了项目 15 及程序调试工作,项目 1—项目 14 由付少华编写,彭子烊、冯沿超、田杰负责书中的程序验证工作。

本书在编写过程中得到了重庆大学出版社的大力支持和帮助,在此表示诚挚的谢意。由于编者水平有限,书中难免存在疏漏和不足之处,恳请广大读者、专家批评指正,以便再版时修改,联系方式: 413285685@ qq. com。

编　者

2023 年 1 月

目　录

项目1　软件安装应用 ……………………………………………………… 1

任务1.1　软件的安装 …………………………………………………………… 2
　　1.1.1　嵌入式系统概念及 STM32 处理器的介绍 ……………………… 3
　　1.1.2　STM32 处理器介绍 ……………………………………………… 3

项目2　发光二极管设计及应用 …………………………………………… 20

任务2.1　点亮一个 LED 灯 …………………………………………………… 21
　　2.1.1　GPIO 工作原理 …………………………………………………… 22
　　2.1.2　GPIO 相关库函数介绍 …………………………………………… 23
任务2.2　流水灯程序设计及应用 …………………………………………… 27
　　2.2.1　STM32 时钟源 …………………………………………………… 27

项目3　数码管显示设计及应用 …………………………………………… 31

任务3.1　数码管静态显示的实现 …………………………………………… 32
　　3.1.1　数码管的内部结构 ……………………………………………… 32
　　3.1.2　74HC595 及 74LS138 译码器工作原理 ………………………… 34
任务3.2　数码管动态显示的实现 …………………………………………… 41
　　3.2.1　GPIO 相关库函数介绍 …………………………………………… 42

项目4　按键控制设计及应用 ……………………………………………… 45

任务4.1　独立按键及矩阵按键的实现 ……………………………………… 46
　　4.1.1　按键消抖 ………………………………………………………… 47
任务4.2　数码管动态显示的实现 …………………………………………… 52

项目5　中断控制设计及应用 ……………………………………………… 57

任务5.1　中断方式按键的实现 ……………………………………………… 58

5.1.1 STM32 的中断原理 ······ 58

项目 6   定时器设计及应用 ······ 63

任务6.1   定时器设计秒表 ······ 64
6.1.1 定时器原理 ······ 64
6.1.2 定时器溢出时间(TIME)计算公式 ······ 66
6.1.3 定时器中断库函数介绍 ······ 66

项目 7   串口通信设计及应用 ······ 71

任务7.1   串口控制数码管显示 ······ 72
7.1.1 串口通信原理 ······ 72
7.1.2 串行通信的方式 ······ 73
7.1.3 常见的串行通信接口 ······ 75

项目 8   点阵显示设计及应用 ······ 82

任务8.1   用 16×16 点阵逐个显示"你""好""啊" ······ 83
8.1.1 点阵介绍 ······ 83

项目 9   LCD 显示设计及应用 ······ 92

任务9.1   应用 LCD12864 显示"重庆××职业技术学院"字样 ······ 93
9.1.1 LCD12864 基本介绍 ······ 94
9.1.2 LCD12864 内部功能 ······ 96
9.1.3 LCD12864 串行接口及时序 ······ 96
9.1.4 LCD12864 的指令系统 ······ 97

项目 10   OLED 显示设计及应用 ······ 110

任务10.1   用 OELD 模块显示"重庆××职业技术学院"字样 ······ 111
10.1.1 IIC 原理 ······ 111
10.1.2 SPI 原理 ······ 113

项目 11   摇杆模块设计及应用 ······ 121

任务11.1   基于模数的摇杆输入模块应用 ······ 122

11.1.1　数码转换简介 ································ 122
11.1.2　ADC 简介 ································ 123
11.1.3　ADC 函数与初始化结构体 ································ 125
11.1.4　摇杆 ································ 126

项目 12　步进电机设计及应用 ································ 132

任务12.1　步进电机转向控制 ································ 133
12.1.1　步进电机介绍 ································ 134

项目 13　温湿度传感器设计及应用 ································ 140

任务13.1　测量实时温度与湿度 ································ 141
13.1.1　DHT11 温湿度传感器原理 ································ 141

项目 14　超声波传感器设计及应用 ································ 149

任务14.1　超声波测量距离 ································ 150
14.1.1　超声波介绍 ································ 150

项目 15　环境质量传感器设计及应用 ································ 158

任务15.1　显示当前 $PM_{2.5}$ 的值 ································ 159
15.1.1　PMS7003M 传感器介绍 ································ 160

参考文献 ································ 166

项目 1
软件安装应用

【项目导读】

在进行程序编写前,首先掌握 Keil 5 程序编译软件、STM32CubeMX 引脚初始化配置软件、ST-Link 驱动软件的安装和配置,就可以进行 STM32 的程序编写与功能实现。本节实训开发板的芯片是 STM32F103VET6。在本节中将详细介绍软件安装与配制。

【教学目标】

- 知识目标:掌握 Keil MDK-ARM 5 及 STM32CubeMX 软件的安装方法。
- 能力目标:能使用 STM32CubeMX 建立项目,运用 Keil MDK-ARM 5 进行程序的编译及下载。
- 素养目标:通过本项目的学习培养学生严谨的实践操作流程和规范意识。

任务 1.1　软件的安装

【任务描述】

在计算上安装 Keil MDK-ARM 5、STM32CubeMX 软件、ST-Link 驱动软件。

【思政点拨】

通过安装编程软件,引入知识产权的版权意识和规范意识。

师生共同思考:工作所用软件是不是正版软件,在今后的工作中如何遵守国家法律,不做侵犯知识产权的事情。

【任务分析】

Keil MDK-ARM 5 是基于 Cortex-M、Cortex-R4 处理器的嵌入式应用程序。MDK-ARM 专为微控制器设计的,不仅功能强大,而且易学易用。STM32 是 ARM Cortex 系列的微处理芯片,广泛应用于工业控制、消费电子、物联网、通信设备、医疗服务、安防监控等领域。

STM32CubeMX 是 ST(意法半导体)公司推荐的 STM32 芯片图形化配置工具,允许用户使用图形化向导生成 C 语言初始化代码,可以减少开发工作,节省时间,节约费用。

ST-Link 是用于 STM8 和 STM32 微控制器的在线调试器、编程器、下载器,具有 SWIM,JTAG/SWD 等通信接口,用于与 STM8 或 STM32 微控制器进行通信(各版本有差异)。

软件安装应用任务是要求学生在计算机上安装 Keil MDK-ARM 5 和 STM32CubeMX 软件,并新建一个 STM32F103 工程,编译、下载到 STM32F103 主控板上,使程序运行成功。

【相关知识】

1.1.1 嵌入式系统概念及 STM32 处理器的介绍

嵌入式系统概念及
STM32 处理器介绍

嵌入式系统(Embedded System)是以应用为中心,以计算机技术为基础,用于控制、监视或者辅助操作机器和设备,对功能、可靠性、成本、体积、功耗严格要求的专用计算机系统,其应用领域如图 1.1 所示。

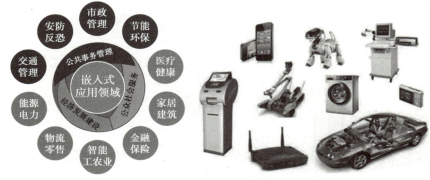

图 1.1　嵌入式产品应用领域

以应用为中心是指强调嵌入式系统的目标满足用户的特定需求。

专用性是指嵌入式系统的应用场合大多对可靠性、实施性有较高要求,决定了服务于特定应用的专用系统是嵌入式系统的主流模式,并不是强调系统的通用性和可扩展性。

以计算机技术为核心,嵌入式系统的最基本支撑技术大致包括集成电路设计技术、系统结构技术、传感器检测技术、嵌入式操作系统和实时操作系统技术、通信技术、低功耗技术、特定应用领域的数据分析、信号处理和控制优化技术等。它们围绕计算机的基本原理,集成特定的专用设备,形成一个嵌入式系统。

1.1.2 STM32 处理器介绍

本书所使用的嵌入式系统处理器为 STM32F103VBT6,如图 1.2 所示。该系统处理器的内部结构使其具有 72 MHz CPU 的高速和高达 1 MB 的闪存。

图 1.2　嵌入式系统处理器 STM32F103VBT6 实物图

STM32 系统 ARM Cortex-M3，如图 1.3 所示，32 位闪存处理器工作时具有低功耗、低电压并结合实时功能的极佳性能。拥有多达 43 个可屏蔽中断通道和 16 个优先级，7 路通用 DMA，包含 4 种不同定时器 7 个，5 个高速通信串口，2 个 SPI 和 IIC 接口，2 个 16 路 AD 转换通道，兼容 1 个全速 USB 设备。

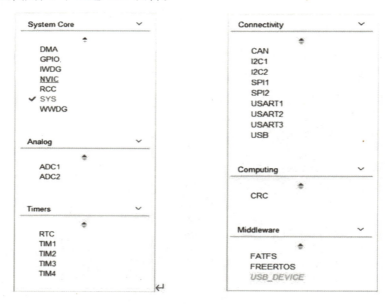

图 1.3　STM32 系统 ARM Cortex-M3

本书所使用的开发板，如图 1.4 所示。

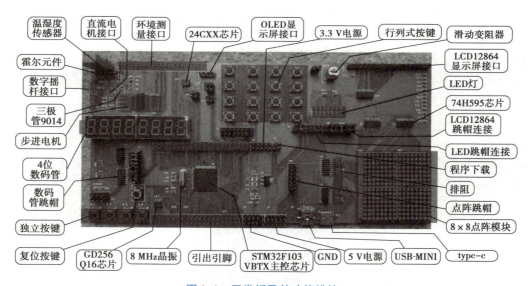

图 1.4　开发板及其功能模块

嵌入式开发板外设资源：4 个 8×8 点阵、2 个 4 位数码管、1 块显示屏、数字温湿度传感器、外接直流电机、type-c 供电接口等。

【任务实施】

1) Keil 5 的安装

开发平台及
工具的安装

嵌入式系统 STM32F103 芯片使用的编辑软件是 Keil uVision 5,安装步骤如下:

①前往官网下载安装包,下载完成后,双击 Keil 安装包中的 MDK 530 安装程序图标,开始安装,如图 1.5 所示。

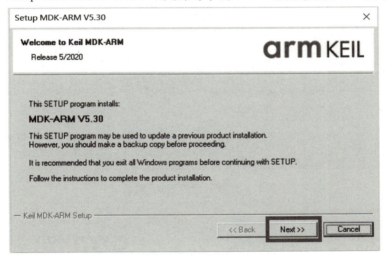

名称	修改日期	类型	大小
en.stm32cubemx-win_v6-3-0_v6.3.0	2021-8-8 14:25	文件夹	
Keil.STM32L0xx_DFP.1.3.0.pack	2015-5-3 14:14	uVision Software...	20,642 KB
Keil.STM32NUCLEO_BSP.1.3.0.pack	2015-5-3 14:14	uVision Software...	3,354 KB
MDK 530.EXE	2021-8-11 14:21	应用程序	896,749 KB

› STM32软件 › STM32软件 › KEIL5

图 1.5　Keil 安装包中的 MDK 530 安装程序

②弹出"Setup MDK-ARM V5.30"对话框,单击"Next"按钮,如图 1.6 所示。

图 1.6　"Setup MDK-ARM V5.30"对话框

③在"License Agreement"中选中"I agree to all the terms of the preceding License Agreement",单击"Next"按钮,弹出"路径选择"对话框,如图 1.7 所示。

④将路径更改为"D 盘",单击"Next"按钮进行下一步操作,如图 1.8 所示。

⑤在弹出的"Customer Informaton"对话框中填写用户信息,如图 1.9 所示。

⑥可以任意填写,如直接填写"1",单击"Next"按钮进行下一步操作,如图 1.10 所示。

⑦在弹出的"Setup Status"窗口中,进度条显示系统自动安装的进度,等待安装完成。安装完成后,系统弹出"Keil MDK-ARM Setup completed"对话框,单击"Finish"按钮即可,如图 1.11 所示。

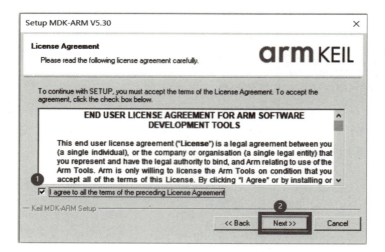

图 1.7　"License Agreement"对话框

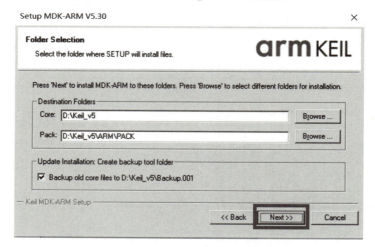

图 1.8　"路径选择确认"对话框

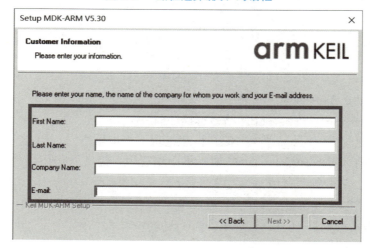

图 1.9　"用户信息填写"对话框 1

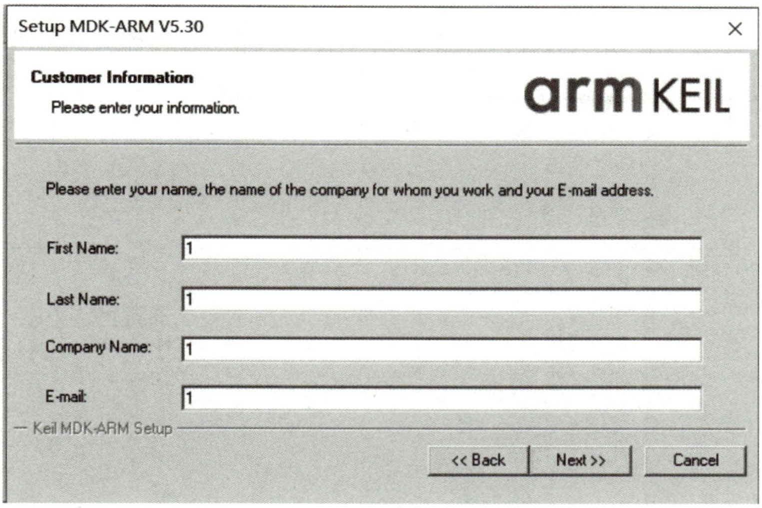

图1.10 "用户信息填写"对话框2

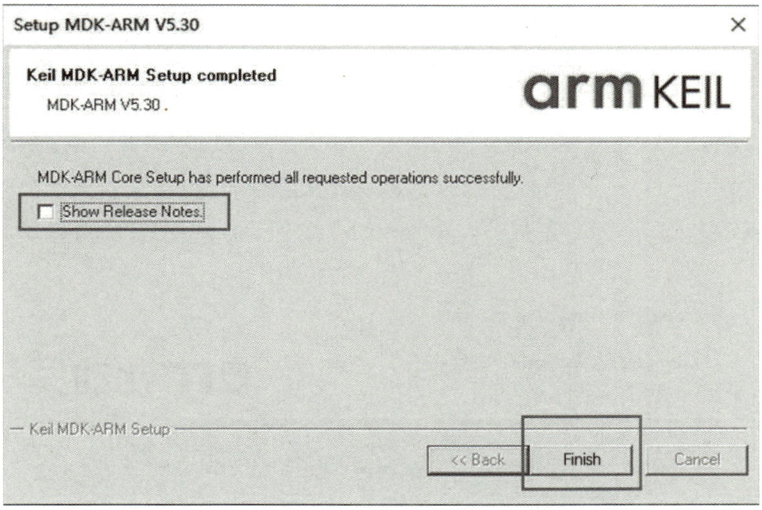

图1.11 "Keil 程序安装完成"对话框

⑧离线安装驱动的方法(见图1.14—图1.16):当用户已经获取了官网提供的离线安装驱动程序包时,可直接单击驱动安装程序包进行离线安装。官网提供存在两个离线安装驱动程序包,以"Keil.STM32F1xx_DFP.2.3.0"和"Keil.STM32NUCLEO_BSP.1.3.0"两个安装驱动程序包为例。两个离线安装驱动程序包安装步骤相同,这里只示范"Keil.STM32F1xx_DFP.2.3.0"离线安装驱动程序包的安装操作过程,双击打开图标"Keil.STM32F1xx_DFP.2.3.0"程序包,如图1.12所示。

⑨系统默认驱动程序包安装解压路径与Keil软件安装路径一致,单击"Next"按钮进行安装。在随后的"Installation Status"窗口中,显示安装进度,等待安装完成,如图1.13所示。

图 1.12 双击打开"Keil.STM32F1xx_DFP.2.1.0"程序包

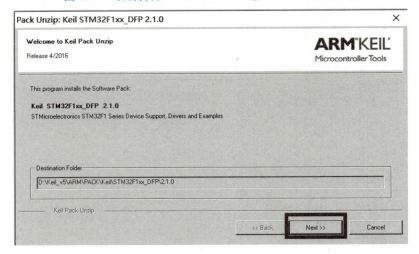

图 1.13 解压安装驱动程序包

⑩程序驱动包解压安装完成,单击"Finish"按钮,结束程序驱动包解压安装,如图1.14 所示。

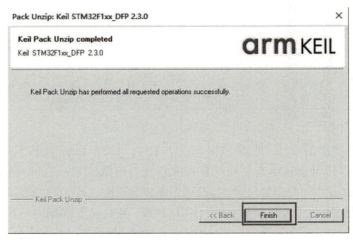

图 1.14 驱动器程序包解压安装完成

2) STM32CubeMX 的安装

安装 Keil 程序后,为了更简单、快捷地建立工程,可安装 STM32CubeMX 软件,该软件适合初学者,使其能快速学习和适应软件。STM32CubeMX 运行环境搭建包括两个部分:一是 Java 运行环境安装;二是 STM32CubeMX 软件安装。Java 运行环境和 STM32CubeMX

软件都可以在官网上找到最新的版本。

①Java 运行环境安装。双击图标"jdk-11.0.9_windows-x64_bin"打开驱动程序,如图
1.15 所示。

图 1.15 STM32CubeMX 安装驱动程序

②单击"下一步"按钮,如图 1.16 所示。

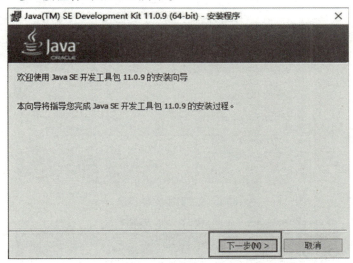

图 1.16 "驱动程序"对话框

③选择安装路径,选择"更改",如图 1.17 所示。

④将路径更改到"H"盘"H:\Program Files\Java\jdk-11.0.9\"进行安装,其他选项采
用默认设置,单击"确认"按钮,如图 1.18 所示。

⑤路径确认完成后,单击"下一步"进行安装,如图 1.19 所示;等待安装完成后,自动
关闭窗口。

⑥安装 Java 运行环境后,单击"STM32CubeMX"安装软件图标,如图 1.20 所示。

⑦进入"STM32CubeMX"安装界面,单击"Next"按钮,如图 1.21 所示。

⑧选择"I accept the terms of this license agreement",单击"Next"按钮,随后勾选两个
复选框,单击"Next"按钮,如图 1.22 所示。

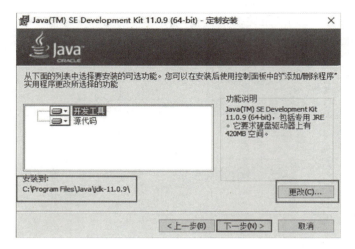

图 1.17 驱动程序安装路径

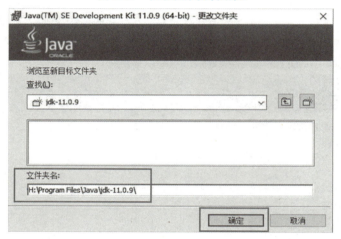

图 1.18 更改文件目录

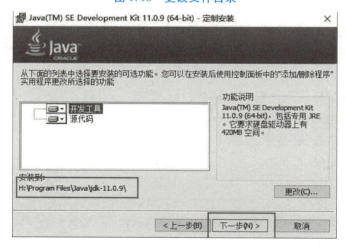

图 1.19 安装文件夹路径修改确认

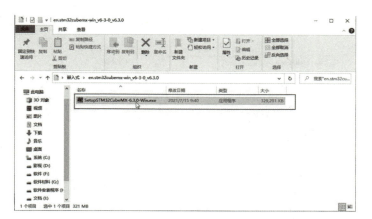

图 1.20　STM32CubeMX 安装软件图标

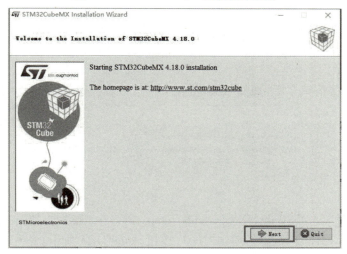

图 1.21　"STM32CubeMX 安装软件"对话框

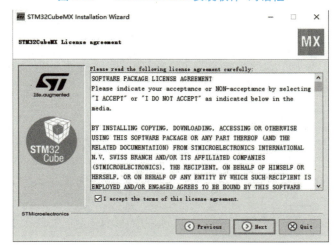

图 1.22　"确认"对话框

⑨选择自定义安装路径。这里直接更改到"H"盘,再单击"Next"按钮,如图1.23所示。

图1.23　选择程序安装路径

⑩在弹出的警告菜单中,选择"OK"按钮进行下一步操作,如图1.24所示。

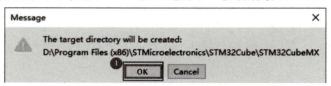

图1.24　选择"OK"

⑪接下来,在"STM32CubeMX Shortcuts setup"窗口中,相关快捷方式选择项默认即可,如有其他需要可以自行选择,单击"Next"按钮,如图1.25所示。

图1.25　确认快捷方式选择

⑫在"STM32CubeMX Package installation"中,再次单击"Next"按钮,等待安装包安装完成,程序安装完成后,单击"Done"按钮完成安装,如图1.26所示。

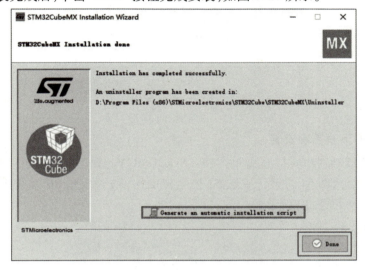

图1.26 STMCubeMX 安装程序

⑬双击刚刚安装好的"STM32Cube MX"快捷方式图标,打开软件,在弹出的软件界面中单击"Help"按钮,再单击方框中的"Manage embedded software packages"按钮进入软件固件发布页面,找到需要的芯片型号[这里勾选"STM32Cube MCU Package for STM32F1 Series(Size:160.4 MB)"版本],单击"Install Now"按钮,进行下一步操作,然后等待下载完成,单击"OK"按钮完成芯片软件固件联机下载,如图1.27、图1.28所示。

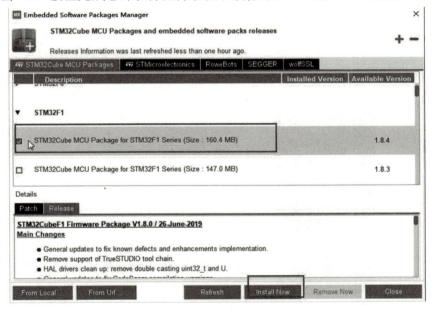

图1.27 芯片软件固件发布下载选择

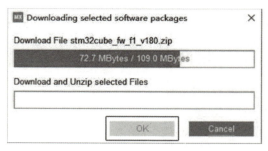

图 1.28　芯片软件固件联机下载

3）ST-LINK 下载驱动安装

①安装 ST-LINK 驱动：打开文件夹 ST-LINK_USB_V2_Driver，根据自己的计算机系统分别安装两个软件，即 64 位系统安装 64 位结尾文件，32 位安装 86 位结尾文件，这里以 64 位系列为例，如图 1.29 所示。

图 1.29　64 位系统安装包

②打开安装包，单击下一页等待安装，如图 1.30 所示。

图 1.30　ST-LINK 安装软件对话框

③安装完成,单击"完成"按钮关闭对话框,如图 1.31 所示。

图 1.31　驱动安装完成

4)STM32Cube MX 工程的建立

STM32Cube MX 是一个图形化的工具,也是配置和初始化 C 代码的生成器,能够自动生成开发初期关于芯片相关的初始化代码。它涵盖了 STM32 所有系列的芯片,包含示例和样本、中间组件和硬件抽象层,可直观地选择 STM32 微处理器。

STM32 Cube MX
工程的建立

STM32Cube MX 工程的建立如下:

①打开 STM32Cube MX,单击"ACCESS TO MCU SELECTOR"按钮进入"芯片或开发板"选择界面,如图 1.32 所示。

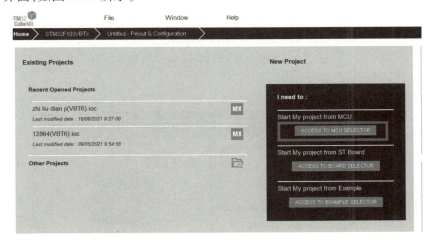

图 1.32　开始建立工程

②芯片或者开发板选择界面的主要功能是指定芯片或者开发板型号,或者可以根据用户的需求来选择芯片型号或开发板型号。在搜索框中输入 MCU 型号的关键字,以STM32F103VBT6 为例,如图 1.33 所示。

图 1.33　搜索关键字

③在"芯片\开发板"列表框中,列出符合型号的芯片,双击列表中的芯片型号,进入配置界面,如图 1.34 所示。

图 1.34　芯片工程配置界面

④在左边的列表中选取所需的功能,进行使能或参数设定;中间是参数设定详情页;右边是 MCU 管脚配置情况一览图,如图 1.35 所示。

图 1.35　配置界面详细图

⑤可在管脚配置一览图中配置开发者所需使用的功能。例如,PB0 的输出配置,如图 1.36 所示。

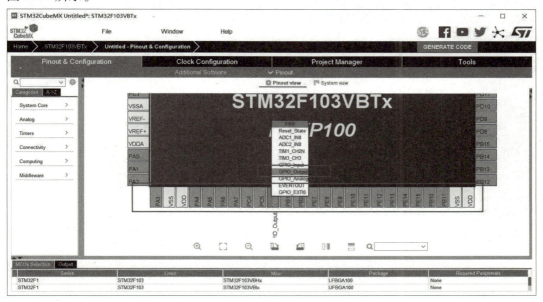

图 1.36　PB0 的输出配置

⑥配置 MCU 时钟信号,采用默认配置的 8 MHz 时钟频率,如图 1.37 所示。

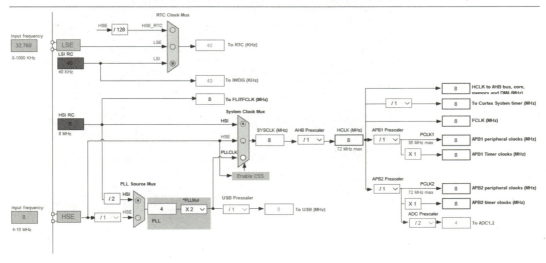

图 1.37　MCU 时钟信号配置

⑦工程的综合配置,在"Project Manager"中配置该工程的名字路径、开发软件以及工程文件的选择,其他采用默认设置。单击"GENERATE CODE"生成工程文件。工程创建成功,如图 1.38 所示。

⑧创建成功后,单击"Open Project",跳转到 Keil 5 中,编译下载程序,无错误无警告,如图 1.39 所示。

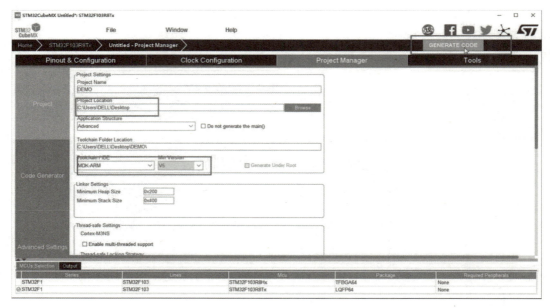

图 1.38　设置工程文件配置

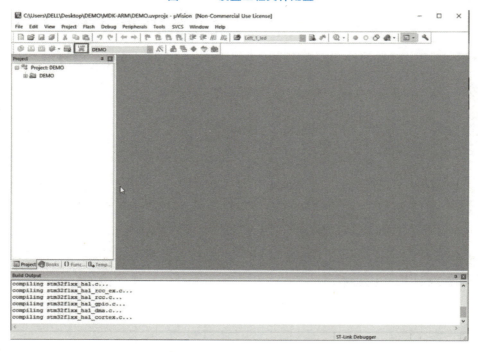

图 1.39　文件编译下载

【任务小结】

完整安装 Keil 5,ST-LINK 和 STM32CubaMX,建立一个基础工程。

STM32 开发板
介绍及调试

【考核评价】

项目内容	评分点	配分/分	自评分值/分
软件安装应用	Keil 5 安装正确	20	
	STM32CubeMX 安装正确	30	
	ST-LINK 安装正确	20	
	STM32CubeMX 工程建立正确	30	
合计		100	

项目 2
发光二极管设计及应用

【项目导读】

应用 Keil 5 程序编写软件、STM32CubeMX 引脚初始化配置,在 STM32F103VBT6 实训开发板上完成 LED 发光二极管的控制实现。

【教学目标】

● 知识目标:掌握 STM32CubeMX 软件建立项目的步骤,理解 GPIO 工作原理及相关库函数。

● 能力目标:会使用 STM32CubeMX 建立项目,使用 STM32 主控板设计一个 LED 灯控制系统,使用 C 语言编写程序并实现任务要求。

● 素养目标:通过本项目的学习,培养学生对嵌入式产品的开发兴趣。

任务 2.1　点亮一个 LED 灯

【任务描述】

应用 C 语言编写程序,在嵌入式实训板上实现点亮一个 LED 灯。

【思政点拨】

通过自己动手点亮一个 LED 灯,就如同照亮了人生前进的道路,激发学生用所学知识开启自主研发产品的兴趣。

【任务分析】

为了完成上述任务,需要先了解 LED(Light Emitting Diode)。LED 也称为发光二极管,是一种固态的半导体器件,可以直接把电转化为光。发光二极管的心脏是一个半导体晶片,晶片的一端附在一个支架上,一端是负极,另一端连接电源的正极,整个晶片被环氧树脂封装起来,其实物如图 2.1 所示。

图 2.1　发光二极管实物图

　　发光二极管的管芯结构与普通二极管相似,由一个 PN 结构成。当在发光二极管 PN 结上加正向电压时,空间电荷层变窄,载流子扩散运动大于漂移运动,致使 P 区的空穴注入 N 区,N 区的电子注入 P 区。当电子和空穴复合时会释放出能量并以发光的形式表现出来。

　　了解原理后,画出发光二极管任务原理图并分析实现方法,原理图如图 2.2 所示。要点亮发光二极管 LED,只要引脚 PB0.1 为高电平即可。同理,当引脚 PB0.1 为低电平时,LED 不会被点亮。程序中用"0"表示低电平,"1"表示高电平,因此,要点亮图 2.2 所示的发光二极管,只需将值"1"赋给嵌入式芯片对应的引脚即可。同理,要熄灭发光二极管,只需将值"0"赋给嵌入式芯片对应的引脚即可。

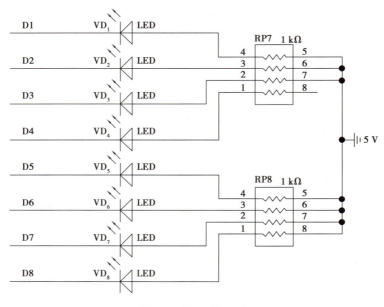

图 2.2　LED 原理图

【相关知识】

2.1.1　GPIO 工作原理

　　GPIO 是通用输入/输出寄存器的简称,用于引脚与外部硬件设备连接,可实现与外部通信、控制外部硬件或采集外部硬件数据的功能。

　　STM32F103VBT6 芯片有 100 个引脚,包括 5 个通用输入/输出口组成,分别为 GPIOA,GPIOB,GPIOC,GPIOD,GPIOE,通常简称为 PAx,PBx,PCx,PDx,PEx。GPIO 口的电路结构图如图 2.3 所示。

GPIO 工作原理及
库函数应用讲解
（基于 LED 灯）

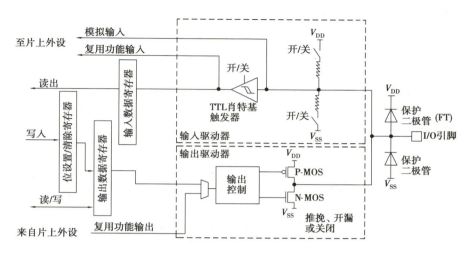

图2.3 GPIO口的电路结构图

GPIO口的电路结构包括输入/输出寄存器、输入/输出控制电路与驱动器、保护二极管。

①保护二极管：I/O引脚上下两边两个二极管用于防止引脚外部过高、过低的电压输入。

②TTL施密特触发器：信号经过触发器后，把模拟信号转化为0和1的数字信号。

③P-MOS管和N-MOS管：使GPIO具有"推挽输出"和"开漏输出"的模式。

④GPIO的4种输入模式：浮空模式（IN_FLOATING）、上拉模式（IPU）、下拉模式（IPD）、模拟输入（AIN）。

⑤GPIO的4种输出模式：开漏输出（Out_OD）、开漏复用（AF_PP）、推挽输出（Out_PP）、推挽复用（AF_OD）。

2.1.2 GPIO相关库函数介绍

GPIO配置的相关函数API主要位于"stm32f1xx_hal_gpio.c"文件中，GPIO的接口函数分为初始化函数、控制函数和配置函数三类。

①初始化函数，HAL_GPIO_Init：初始化引脚的工作模式，包括引脚的工作速度、复用模式、上拉模式、下拉模式等参数。HAL_GPIO_DeInit：将引脚恢复成默认的状态，即各个寄存器复位时的值。

②控制函数，HAL_GPIO_ReadPin：读取引脚的电平状态，函数返回值为0或1。HAL_GPIO_WritePin：设置引脚电平状态，给引脚写0或1。HAL_GPIO_TogglePin：翻转电平引脚状态。

③配置函数，HAL_GPIO_LockPin：锁定引脚的配置。

引脚初始化流程：

首先利用引脚初始化数据类型定义了一个结构体变量GPIO_InitStruct，并将它的各个成员变量初始化为零。其次根据引脚的配置要求,对相关的成员变量进行赋值。最后调用引脚初始化函数 HAL_GPIO_Init,完成引脚的初始化。

【任务实施】

1)硬件连接

根据前述分析,原理接线图如图 2.4 所示。

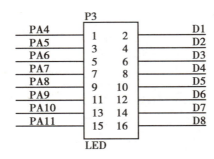

图 2.4 原理接线图

2)软件编程

(1)建立工程

首先使用 STM32CubeMX 建立工程,在项目 1 中已经详细讲解过,这里只列出具体的引脚配置部分。

①启动 CubeMX 选择"ACCESS TO MCU SELECTOR",进入目标选择界面。

②在芯片搜索框中输入"STM32F103VBT6",在芯片列表框中双击出现的芯片型号,完成启动芯片。

③配置引脚 PA6 为输出模式,如图 2.5 所示。

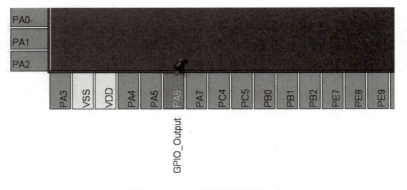

图 2.5 GPIO 引脚的配置

(2)主程序流程图

主程序流程图,如图 2.6 所示。

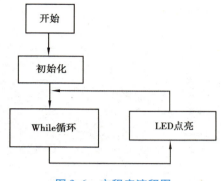

图 2.6　主程序流程图

（3）源程序代码

下面是源程序代码的主要部分,其中重点的程序代码都做了注释,这里没有列出非主要程序代码,完整的程序详见教学资源中的程序和实验视频。

```
int main(void)
{
    HAL_Init();                  //STM32 初始化
    SystemClock_Config();        //时钟初始化
    MX_GPIO_Init();              //引脚初始化
    while (1)                    //while 循环括号内程序
    {
        HAL_GPIO_WritePin(GPIOA,GPIO_PIN_6,GPIO_PIN_RESET);  //LED 低电平点亮
        HAL_Delay(500);          //延时 500 ms
    }
}
//系统生成内容解释
static void MX_GPIO_Init(void)  //引脚初始化函数
{
GPIO_InitTypeDef   GPIO_InitStruct;                 //定义结构体
__HAL_RCC_GPIOA_CLK_ENABLE();                       //引脚 A 时钟使能
GPIO_InitStruct.Pin =GPIO_PIN_6;                    //引脚 A 的 0 口
GPIO_InitStruct.Mode =   GPIO_MODE_OUTPUT_PP;       //引脚为推挽输出
GPIO_InitStruct.Pull = GPIO_PULLDOWN;               //引脚为下拉高电平有效
GPIO_InitStruct.Speed = GPIO_SPEED_FREQ_HIGH;       //运行速度为高速
HAL_GPIO_Init(GPIOA, &GPIO_InitStruct);             //端口 A 初始化
}
```

【任务小结】

经过程序的调试、编译、下载到 STM32 主控实训板,实验效果如图 2.7 所示。

图 2.7　实验效果图

如果要实现 LED 灯闪烁,其实施步骤与点亮一个 LED 灯的步骤相同,但程序的编写有所不同,这里使用 HAL_GPIO_TogglePin 电平跳转函数。

```
while(1)
{
    HAL_GPIO_Togglepin(GPIOA,GPIO_PIN_6);
    HAL_Delay(500);
}
```

【考核评价】

项目内容	评分点	配分/分	自评分值/分
发光二极管控制	主程序流程设计图正确	20	
	程序编写正确	30	
	实物接线正确	20	
	LED 灯显示效果正确	30	
合计		100	

【课后作业】

1. 实现两个相邻 LED 灯在电路板上常亮。

2. 实现两个相邻 LED 灯在电路板上循环闪烁。

任务 2.2　流水灯程序设计及应用

【任务描述】

应用 C 语言编写程序在嵌入式实训板上实现 LED 流水灯的功能。

【任务目标】

流水灯是若干个 LED 灯依次点亮,在视觉上像灯光在流动,这就是流水灯。流水灯电路图如图 2.2 所示。流水灯一共用了 8 个嵌入式芯片 I/O 口,从 PA4 到 PA11。

以 PA6 为例,当引脚 PA6 输出高电平时,D3 正极端和负极端都为高电平,D3 两端没有电压差,也不会有电流流过,此时 D3 处于熄灭状态;当引脚 PA6 输出低电平时,D3 正极端电平高于负极端电平,D3 两端存在电压差,会有电流从 D3 的正极端流向负极端。此时 D3 点亮。总结:在对应口线上加低电平,发光二极管就会发光;在对应口线上加高电平,发光二极管就会熄灭。这个规律适合电路图中任意一个 I/O 口。流水灯实际上就是通过单片机软件编程的方式设置这些口线为低电平或者高电平,从而控制这些灯的状态。也可以按照从左到右或者从右到左逐个点亮发光二极管,从而实现流水灯的功能。

【相关知识】

2.2.1　STM32 时钟源

STM32 时钟源有 HSI,HSE,LSI,LSE 和 PLL。

根据时钟频率可以分为高速时钟源和低速时钟源。HSI,HSE 和 PLL 是高速时钟源,LSI 和 LSE 是低速时钟源。根据来源可以分为外部时钟源和内部时钟源,外部时钟源是从外部通过接晶振的方式获取的时钟源,其中,HSE 和 LSE 是外部时钟源,HSI,LSI 和 PLL 是内部时钟源。

下面详细介绍 STM32 时钟源。

①HSI 是高速内部时钟,采用 RC 振荡器,频率为 8 MHz,精度较低。HSI 的 RC 振荡器启动时间比 HSE 晶体振荡器短,可由时钟控制寄存器 RCC_CR 中的 HSION 位启动和关闭,如果 HSE 晶体振荡器失效,HSI 会被作为备用时钟源。

②HSE 是高速外部时钟,可为系统提供更为精确的主时钟,HSE 可接石英、陶瓷谐振器或者接外部时钟源,晶振频率可取范围为 4～16 MHz,一般采用 8 MHz 的晶振。

③LSI 是低速内部时钟,采用 RC 振荡器,频率为 40 kHz。LSI 可以在停机和待机模式下保持运行,为独立看门狗和自动唤醒单元提供时钟,通过控制、状态寄存器 RCC_CSR 中的 LSION 位启动或关闭。

④LSE 是低速外部时钟,接频率为 32.768 kHz 的石英晶体,LSE 位实时时钟 RTC 或者其他定时功能提供一个低功耗且精确的时钟源,可以通过备份域控制寄存器 RCC_BD-CR 中的 LSEON 位启动或关闭。

⑤PLL 为锁相环倍频输出,其时钟输入源可选择 HSI/2、HSE 或者 HSE/2,倍频可选择 2 ~ 16 倍,其输出频率最大不超过 72 MHz。如果需要在应用中使用 USB 接口,PLL 必须被设置成输出 48 MHz 或 72 MHz 时钟,用于提供 48 MHz 的 USBCLK 时钟。

【任务实施】

1)硬件连接

根据前述分析,嵌入式实训板上接线图如图 2.8 所示,实物接线图如图 2.9 所示。

图 2.8　实训板上接线图

图 2.9　流水灯实物接线图

2)软件编译

（1）建立工程

首先使用 STM32CubeMX 建立工程,前面章节中已经详细讲解过,这里只列出具体的引脚配置部分。

①启动 STM32CubeMX,选择"ACCESS TO MCU SELECTOR",进入目标选择界面。

②在芯片搜索框中输入"STM32F103VBT6",在芯片列表框中双击出现的芯片型号完成启动芯片。

③配置引脚 PA5 为输出模式,如图 2.10 所示。其中,PA4～PA11 的引脚配置与 PA5 一致。

图 2.10　GPIO 引脚配置

(2)主程序流程图

主程序流程图,如图 2.11 所示。

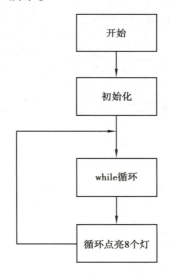

图 2.11　主程序流程图

(3)源程序代码

下面是源程序代码的主要部分,其中重点的程序代码都做了注释,这里没有列出非主要程序代码,完整的程序详见教学资源中的程序及实验视频。

定义变量:unsigned int i=0x0010;　　//第四引脚

while(1)

{

　　HAL_GPIO_WritePin(GPIOA,0xffff,GPIO_PIN_SET);//高电平将流水灯全部熄灭

　　HAL_GPIO_WritePin(GPIOA,i,GPIO_PIN_RESET);　//低电平点亮一个灯

　　HAL_Delay(500);　　　　　//延时 500 ms

```
    i=i<<1；                //向左移一位
    if(i==0x1000)          //移位到12引脚时进入判断
    i=0x0010；             //重新赋值为第四引脚
}
```

【任务小结】

经过程序的调试、编译、下载到 STM32 主控实训板,实验效果如图 2.12 所示。

图 2.12　实验效果图

【考核评价】

项目内容	评分点	配分/分	自评分值/分
发光二极管控制	主程序流程设计图正确	20	
	程序编写正确	30	
	实物接线正确	20	
	LED 流水灯显示效果正确	30	
合计		100	

【课后作业】

(1)采用基于 HAL 库函数的方法,完成 8 个 LED 灯循环点亮的电路和程序设计、运行与调试。其中 8 个 LED 灯由 PA4～PA11 控制。

(2)完成不相邻的 4 个 LED 灯交替点亮的电路和程序设计、运行与调试。其中,8 个 LED 灯由 PA4～PA11 控制。

项目3
数码管显示设计及应用

【项目导读】

应用 Keil 5 程序编写软件、STM32CubeMX 引脚初始化配置,在 STM32F103VBT6 实训开发板上完成数码管的控制实现。

【教学目标】

- 知识目标:掌握 STM32CubeMX 软件建立项目的步骤,理解数码管工作原理及相关库函数。
- 能力目标:会使用 STM32CubeMX 建立项目,使用 STM32 主控板设计一个数码管控制系统,使用 C 语言编写程序并实现任务要求。
- 素养目标:通过本项目的学习,培养学生开发产品、编写程序的规范意识。

任务 3.1　数码管静态显示的实现

【任务描述】

应用嵌入式实训板实现 1 个静态数码管显示数字 1。

【思政点拨】

家用热水器可以显示实时温度,寻找数码管的应用场景。

师生共同思考:通过本任务的学习,如何完成自己卧室温度的显示。

【任务分析】

数码管显示的整体电路图,包含两个四位一体的共阴极数码管,一个三线八线的译码器和一个串行输入并行输出的移位寄存器,如图 3.1 所示。每一个数码管的阴极公共端都与三线八线译码器对接。三-八译码器的任务是在 STM32 的控制下输出高低电平到对应的数码管工作。显示移位寄存器芯片的任务是在 STM32 的控制下输出对应的数字字模,并送到对应数码管的字模接收端。

【相关知识】

3.1.1　数码管的内部结构

数码管(图 3.2)的内部包含由 8 个发光二极管。数码管的原理图

数码管显示
原理及静态显示

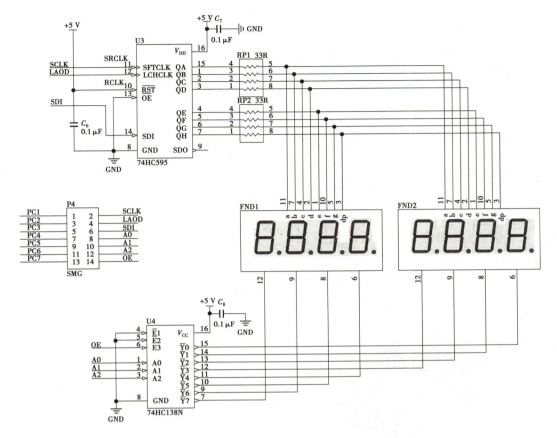

图 3.1　数码管显示原理图

如图 3.3 所示。为了区分每一个段位上的发光二极管,分别对 8 个发光二极管取了一个名字,从 a 到 g,小数点叫 dp。按照数码管内部发光二极管拼接方式的不同,可以分为共阴极和共阳极。发光二极管的阳极经过限流电阻,然后连接到电源 V_{DD} 端口上,通过这种方式拼接组成的数码管为共阳极数码管。相同地,发光二极管的阴极经过限流电阻,然后连接到 GND 端口上,通过这种方式拼接组成的数码管为共阴极数码管。无论是共阴极数码管还是共阳极数码管,都能实现对数字的显示,只是方式不同。能让数码管显示出数字字形的十六进制数,称为数码管的字模。每一个数字都有一个自己对应的字模,如图 3.4 所示。

图 3.2　数码管实物图

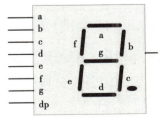

图 3.3　数码管原理图

符号	共阴字模	共阳字模	符号	共阴字模	共阳字模
0	0x3f	0xc0	5	0x6d	0x92
1	0x06	0xf9	6	0x7d	0x82
2	0x5b	0xa4	7	0x07	0xf8
3	0x4f	0xb0	8	0x7f	0x80
4	0x66	0x99	9	0x6f	0x90

图 3.4　数码管 0~9 十六进制字模

四位一体数码管
内部结构

通过 8 个口线驱动一个数码管的显示方法,称为数码管的静态显示。静态显示的优点是程序比较简单。缺点是浪费 STM32 微控制器的口线资源。为了节省单片机的口线资源,研究一种既能实现多个数码管显示,又能节约单片机的口线资源的显示方法。将 4 个数码管封装在一起,合成一个元件,如图 3.5 所示。

图 3.5　四位一体数码管的实物图

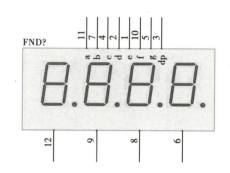

图 3.6　四位一体数码管的电路符号

图 3.6 中有 4 个名字为 a 的发光二极管的阳极在数码管内部是连接在一起的,通过导线连接到为 a 的管脚上。其他发光二极管也遵循这样的连接规律,只要名字相同的发光二极管的阳极都是连接在一起的,通过导线连接到对应的管脚上。每一个数码管的发光二极管的阴极都是连接在一起的。例如,第一个数码管的二极管的阴极全部连接在 12 引脚上。其他 3 个数码管的二极管引脚分别连接在 9,8,6 引脚上。

3.1.2　74HC595 及 74LS138 译码器工作原理

74HC595 及 LS138
译码器工作原理

SN74LS138 和 SN74HC595 两款芯片如图 3.7 所示。SN74LS138 通常称为译码器芯片,SN74HC595 通常称为移位寄存器芯片。

（1）SN74LS138 译码器芯片

如图 3.8 所示是 SN74LS138 译码器芯片的芯片管脚分布图。该芯片一共有 16 个引脚。其中,1,2,3 这 3 个管脚是该芯片的位选信号输入脚。在芯片使能的情况下,这 3 个管脚的高低电平状态可以决定芯片的输出。4,5,6 这 3 个管脚是芯片使能信号输入端,在高电平状态决定该芯片是否被使能。8 和 16 引脚是芯片的地和电源输入脚。其他 8 个管脚 Y0～Y7 是芯片的信号输出脚。

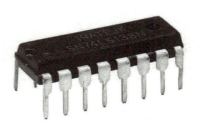 

图 3.7　SN74LS138 芯片和 SN74HC595 芯片实物图

图 3.8　SN74LS138 译码器芯片管脚分布图

表 3.1 是 SN74LS138 芯片的真值表。厂家把芯片的所有管脚分成了两大类。第一类是输入信号,包括使能信号和位选信号。第二类是输出信号,也就是 Y0～Y7 一共 8 个管脚。当 G1 为高电平,G2A 和 G2B 同时为低电平时,芯片被使能位选信号管脚的电平状态视为有效输入。真值表中前两行表示芯片没有被使能的情况,输出端全部输出高电平;从第三行开始到最后一行是芯片被使能工作的情况。当输入端为 000 时,Y0 输出低电平;当输入端为 001 时,Y1 输出低电平,以此类推;当输入端为 111 时,Y7 输出为低电平。

表 3.1　SN74LS138 芯片的真值表

输入						输出							
E1	E2	E3	A0	A1	A2	Y0	Y1	Y2	Y3	Y4	Y5	Y6	Y7
H	X	X	X	X	X	H	H	H	H	H	H	H	H
X	H	X	X	X	X	H	H	H	H	H	H	H	H
X	X	L	X	X	X	H	H	H	H	H	H	H	H
L	L	H	L	L	L	L	H	H	H	H	H	H	H
L	L	H	H	L	L	H	L	H	H	H	H	H	H
L	L	H	L	H	L	H	H	L	H	H	H	H	H
L	L	H	H	H	L	H	H	H	L	H	H	H	H
L	L	H	L	L	H	H	H	H	H	L	H	H	H

续表

输入						输出							
E1	E2	E3	A0	A1	A2	Y0	Y1	Y2	Y3	Y4	Y5	Y6	Y7
L	L	H	H	L	H	H	H	H	H	H	L	H	H
L	L	H	L	H	H	H	H	H	H	H	H	L	H
L	L	H	H	H	H	H	H	H	H	H	H	H	L

输入和输出之间的对应关系是按照二进制—十进制数这样的关系一一对应的,而且,任意一个时刻,只有一个输出端口为低电平,其他输出端口为高电平。

如图3.9所示,G1,A,B,C这4个输入管脚通常与STM32的IO口对接。G2A和G2B直接接地。可以通过STM32控制SN74LS138的输出状态。

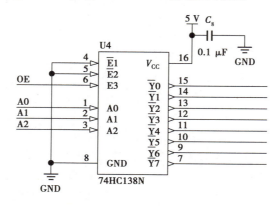

图 3.9 SN74LS138 原理图

(2)SN74HC595 移位寄存器芯片

图 3.10 是 SN74HC595 芯片的时序图。芯片要正常工作,使能信号 OE 必须为低电平;当 OE 为高电平时,输出端口 $Q_A \sim Q_H$ 全部输出高阻态,表示芯片没有被使能。在 OE 为低电平期间,移位寄存器时钟在上升沿时刻点把输入端口的数据送入芯片内部寄存器,芯片并不会立即有输出,而是等到输出寄存器时钟上升沿到来时数据才会发送出去。在实际使用时,移位寄存器时钟给芯片传送数据的这个过程通常要重复 8 次。因为一个字节由 8 个 bit 位组成,每一个时钟上升沿只输入一个 bit 位。8 个 bit 位都送入芯片内部后,再通过一个输出寄存器时钟,将数据通过输出端口发送出去。

SN74HC595 移位寄存器芯片是一个串行输入并行输出的芯片,具有 16 个管脚,如图 3.11 所示。其中,第 8 脚 GND 和第 16 脚 V_{CC} 是芯片的接地和电源输入脚;第 9 脚 Q_H' 是芯片的串行数据输出脚,用于级联扩展;第 10 脚 SRCLR 为数据清零管脚;第 11 脚 SR-CLK 为移位寄存器时钟输入脚;第 12 脚 RCLK 为输出寄存器时钟输入脚;第 13 脚 OE 为使能信号;第 14 脚 SER 为串行数据输入脚;其余管脚 $Q_A \sim Q_H$ 为数据输出脚。

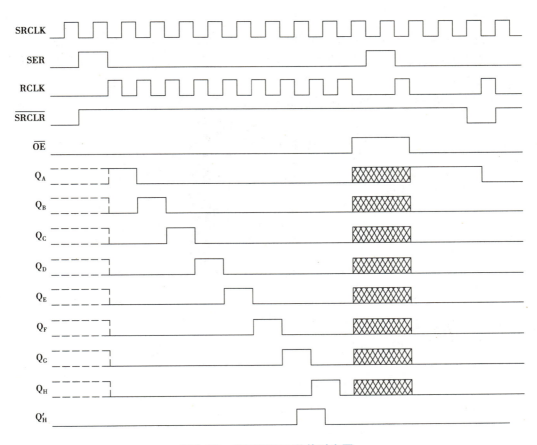

图 3.10　SN74HC595 芯片时序图

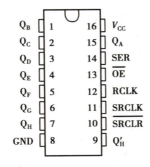

图 3.11　SN74HC595 芯片引脚图

【任务实施】

1)硬件连接

根据前述分析,芯片配置如图 3.1 所示。

2)软件编程

(1)建立工程

首先使用 STM32CubeMX 建立工程,前面章节中已经详细讲解过,这里只列出具体的引脚配置部分。

①启动 STM32CubeMX,选择"ACCESS TO MCU SELECTOR",进入目标选择界面。

②在芯片搜索框中输入"STM32F103VBT6",在芯片列表框中双击出现的芯片型号,完成启动芯片。

③配置引脚 PC1 到引脚 PC7 为输出模式,如图 3.12 所示。

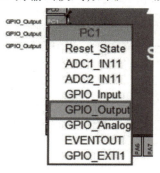

图 3.12　配置引脚

(2)主程序流程图

主程序流程图如图 3.13 所示。

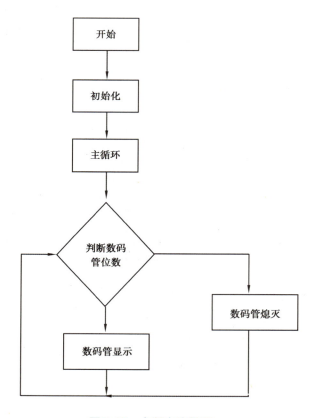

图 3.13　主程序流程图

（3）源程序代码

下面是源程序代码的主要部分，其中重要的程序代码都做了注释，这里没有列出非主要程序代码，完整的程序详见教学资源中的程序和实验视频。

```
uint8_t table[ ]={0x3f,0x06,0x5b,0x4f,0x66,0x6d,0x7d,0x07,0x7f,0x6f,0x77,
0x7c,0x39,0x5e,0x79,0x71};       //数码管显示0～9字模


//138芯片子程序模块
void HC138(uint8_t wei)    //138 数码管位选   方式1  （位处理）
{
    HAL_GPIO_WritePin(GPIOC, GPIO_PIN_7,GPIO_PIN_SET);  //OE是能位开启

    if((wei)&0x01)
    //数据124(低位1数据乘以1)==1就发"1",不是就发"0"
    {HAL_GPIO_WritePin(GPIOC,  GPIO_PIN_4,GPIO_PIN_SET);}
    else
    {HAL_GPIO_WritePin(GPIOC,  GPIO_PIN_4,GPIO_PIN_RESET);}

    if((wei)&0x02)
    //数据124(中间位2数据乘以1)==1就发"1",不是就发"0"
    {HAL_GPIO_WritePin(GPIOC,  GPIO_PIN_5,GPIO_PIN_SET);   }
    else
    {HAL_GPIO_WritePin(GPIOC,  GPIO_PIN_5,GPIO_PIN_RESET);}

    if((wei)&0x04)
    //数据124(高位4数据乘以1)==1就发"1",不是就发"0"
    {HAL_GPIO_WritePin(GPIOC,  GPIO_PIN_6,GPIO_PIN_SET);}
    else
    {HAL_GPIO_WritePin(GPIOC,  GPIO_PIN_6,GPIO_PIN_RESET);}
}


void HC595(uint8_t DATA)     //595   数码管段选
{

    uint8_t i=0;

    for(i=0;i<8;i++)
    {
```

```
        if( ( (DATA>>7)&1 ) = = 1)        // >>7 数据移动到底位 &1 乘以 1 为 1?
        {
        HAL_GPIO_WritePin(GPIOC,GPIO_PIN_3,GPIO_PIN_SET);
        //为 1 就发高电平"1"
        }
        else
        {
        HAL_GPIO_WritePin(GPIOC,GPIO_PIN_3,GPIO_PIN_RESET);
        //为 0 就发低电平"0"
        }
        DATA <<= 1;        //移动数据判断下一位
        HAL_GPIO_WritePin(GPIOC,  GPIO_PIN_1, GPIO_PIN_SET);
        HAL_GPIO_WritePin(GPIOC,  GPIO_PIN_1,GPIO_PIN_RESET);
        //高低电平,模拟时钟信号
    }
    HAL_GPIO_WritePin(GPIOC,  GPIO_PIN_2,GPIO_PIN_SET);
    HAL_GPIO_WritePin(GPIOC,  GPIO_PIN_2,GPIO_PIN_RESET);
    //8 位数据 一起发出
}


int main()
{
    HAL_Init();                        //STM32 初始化
    SystemClock_Config();              //时钟初始化
    MX_GPIO_Init();                    //引脚初始化
    while (1)                          //while 循环括号内程序
    {
        HC138(0);                      //138 数码管选择第一个数码管
        HC595(table[1]);               //595 子函数调用,数码管显示1
        HAL_Delay(1);                  //延时 1 ms
    }
}
```

【任务小结】

经过程序的调试、编译、下载到 STM32 主控实训板,如图 3.14 所示。

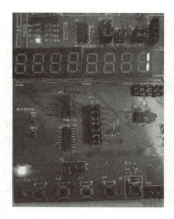

图 3.14 实验效果图

【考核评价】

项目内容	评分点	配分/分	自评分值/分
静态数码管显示	主程序流程图正确	20	
	程序编写正确	30	
	实物接线正确	20	
	数码管显示效果正确	30	
合计		100	

【课后作业】

1. 实现两个相邻的在数码管电路板上显示数字 1~9。
2. 实现数码管显示当前年份日期。

任务 3.2　数码管动态显示的实现

【任务描述】

数码管动态显示的步骤:
第一步:第一个数码管完全显示"1"之后,再熄灭。
第二步:第二个数码管完全显示"2"之后,再熄灭。

第三步：第三个数码管完全显示"3"之后，再熄灭。

【任务分析】

数码管动态
显示原理

一位一位的轮流，周而复始地逐个点亮每一个数码管。这个逐个点亮数码管的方式称为数码管的动态显示。

这样做出来的效果，数码管肯定不是同时显示的。而在生活中见到的使用数码管的场合，如空调对温度的显示，公交车上电子表对时间的显示，它们都是同时显示的。这就用到了一个现象——视觉暂留现象。当人眼所看到的影像消失后，人眼仍能继续保留其影像100 ms左右的时间，这种现象称为视觉暂留现象。由于这种现象，在观察到的物体影像消失后，在接下来的几十毫秒内，会错误地认为影像还在，没有消失。

结合数码管动态显示的方法和视觉暂留现象，尽管实际上各位数码管并非同时显示，但只要扫描点亮数码管的速度足够快。快到超过人的反应时间时，那么他给人的印象，就是一组同时显示的稳定的信息。

数码管静态显示和动态显示方式、原理都是一样的，其区别在于动态显示是像流水灯一样，是在8个数码管上依次点亮的，因此这里对每个数码管的阴极公共端都与三线八线译码器对接。三线八线译码器的任务是在STM32的控制下输出高低电平到对应的数码管工作。

【相关知识】

3.2.1　GPIO 相关库函数介绍

GPIO配置相关的函数API主要在"stm32f1xx_hal_gpio.c"文件中，在任务3.2中库函数介绍的基础上，介绍几个函数具体应用方法：

（1）延时函数

HAL_Delay(uint32_t Delay)：毫秒延时函数，如果需要延时1 ms，函数的形参设置为1，则函数为HAL_Delay(1)；如果需要延时100 ms，函数的形参设置为100，则函数为HAL_Delay(100)；如果需要延时1 s，函数的形参设置为1000，则函数为HAL_Delay(1000)；依此类推。

（2）控制函数

HAL_GPIO_ReadPin(GPIO_TypeDef * GPIOx,uint16_t GPIO_Pin)：读取某个端口的值，函数返回值为0或1，参数GPIOx表示选择A口到H口的某一个端口，参数GPIO_Pin表示选择端口的0到15中某个引脚，如果要读取A口的第0位，函数写成HAL_GPIO_ReadPin(GPIOA, GPIO_PIN_0)。

（3）控制函数

HAL_GPIO_WritePin(GPIO_TypeDef * GPIOx, uint16_t GPIO_Pin, GPIO_PinState PinState)：给某个端口的某个引脚写值，只能写0或1，参数GPIOx表示选择A口到H口的某一个端口，参数GPIO_Pin表示选择端口的0到15中某个引脚，参数PinState表示引

脚的具体状态,只能是 0 或者 1,如果要给 A 口的第 0 位赋值 1,函数写成 HAL_GPIO_WritePin(GPIOA, GPIO_Pin_0,GPIO_PIN_SET),其中 GPIO_PIN_SET 表示对应位置 1,GPIO_PIN_RESET 表示对应位置 0,SET 表示置 1,RESET 表示置 0。

【任务实施】

(1)建立工程

首先使用 STM32CubeMX 建立工程,前面的章节中已经详细讲解过,这里只列出具体的引脚配置部分。

数码管动态
显示编程

①启动 CubeMX,选择"ACCESS TO MCU SELECTOR",进入目标选择界面。

②在芯片搜索框中输入 STM32F103VBT6,在芯片列表框中双击出现的芯片型号,完成启动芯片。

③配置引脚 PC1 ~ PC7 的管脚,并分别设置为输出模式,如图 3.15 所示。

图 3.15　引脚设置图

(2)源程序代码

下面是源程序代码的主要部分,其中重点程序代码都做了注释,这里没有列出非主要程序代码,完整的程序详见教学资源中的程序及实验视频。

```
int main( )
{
    HAL_Init( );                    //STM32 初始化
    SystemClock_Config( );           //时钟初始化
```

```
MX_GPIO_Init();                    //引脚初始化
while (1)                          //while 循环括号内程序
{
    for( int num=0;num<8;num++)
    {
        HC138(num);                //138 循环位选
        HC595(table[num]);         //595 子函数调用,循环数码管显示 0~7
        HAL_Delay(1);              //延时 1 ms
    }
}
}
```

【任务小结】

经过程序的调试、编译、下载到 STM32 主控实训板,如图 3.16 所示。

图 3.16　实验效果图

【考核评价】

项目内容	评分点	配分/分	自评分值/分
动态数码管显示	主程序流程图正确	20	
	程序编写正确	30	
	实物接线正确	20	
	数码管显示效果正确	30	
合计		100	

【课后作业】

1.实现数码管倒计时。

2.实现数码管"-FF-"连续闪烁 3 s。

项目 4
按键控制设计及应用

【项目导读】

应用 Keil 5 程序编写软件、STM32CubeMX 引脚初始化配置,在 STM32F103VBT6 实训开发板上完成按键的控制实现。

【教学目标】

· 知识目标:掌握 STM32CubeMX 软件建立项目的步骤,理解数码管工作原理及相关库函数。

· 能力目标:会使用 STM32CubeMX 建立项目,使用 STM32 主控板设计一个按键控制系统,使用 C 语言编写程序并实现任务要求。

· 素养目标:通过本项目的学习,培养学生开发智能产品、谨慎严谨、一丝不苟的工作精神。

任务 4.1　独立按键及矩阵按键的实现

【任务描述】

应用嵌入式实训板实现独立按键,按下点亮 LED 发光二极管,再次按下熄灭 LED 发光二极管。

【思政点拨】

通过学习带有按键的产品开发中消抖的知识,引入谨慎严谨、一丝不苟的产品开发工作精神和质量安全意识。

师生共同思考:设计的产品如何解决稳定性问题?

【任务分析】

根据任务分析,这次任务设计由独立按键控制 LED 灯进行,原理图如图 4.1 所示。独立按键是直接用 I/O 口构成的单个按键电路,其特点是每个按键单独占用一根 I/O 口,每个按键的工作不会影响其他 I/O 口的状态。

按键输出端采用上拉电阻,当按键没有按下时,由于上拉电阻的存在,使单片机输入端口处于高电平;当按键按下时,按键与 GND 连接,为低电平。在程序实现中,可以通过读取按键的 I/O 电平状态判断按键是否按下。

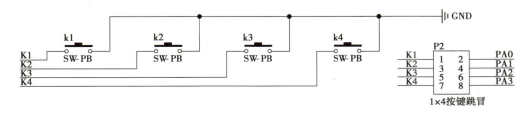

图 4.1　独立按键的原理

【相关知识】

4.1.1　按键消抖

在微机系统中,通常使用机械触点式按键开关,其主要功能是把机械上的通断转换为电气上的逻辑关系。也就是说,它能够提供标准的 TTL 逻辑电平,以便与通用数字系统的逻辑电平相容。当机械触点断开、闭合时,由于机械触点的弹性作用,一个按键开关在闭合时不会马上稳定地接通,在断开时也不会一下子断开,因而在闭合和断开的瞬间均伴随一连串的抖动,然后触点才稳定下来。抖动时间长短与开关的机械特性有关,一般为 5 ~ 10 ms。在触点抖动期间检测按键的通与断,可能导致判断出错,即按键一次按下或释放错误的被认为多次操作,这种情况是不允许的,如图 4.2 所示。

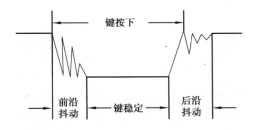

图 4.2　按键消抖

消除抖动的措施有硬件消抖和软件消抖两种。

(1)硬件消抖

硬件消抖是通过电路硬件设计的方法来过滤按键输出信号,将抖动信号过滤成理想信号后传输给单片机。

(2)软件消抖

通过程序过滤方法,在程序中检测到按键动作后延时一会再次检测按键状态,如果延时前后按键的状态一致,则说明按键是正常执行动作,否则,认为是按键抖动。

就两种方法比较而言,硬件消抖将会增加成本,因此在工程实践中,一般使用软件消抖。由于按键抖动的时间在 10 ms 以内,可以先读取一次按键的状态,如果得到的按键按下,延时 10 ms,再次读取一次按键状态,如果按键还是按下,则说明按键已经按下。

其消抖的基本原理就是检测、延时和检测。

【任务实施】

1）硬件连接

原理接线图如图4.1所示。

2）软件编程

（1）建立工程

首先使用STM32CubeMX建立工程,前面章节中已经详细讲解过,这里只列出具体的引脚配置部分。

①启动CubeMX,选择"ACCESS TO MCU SELECTOR",进入目标选择界面,如图4.3所示。

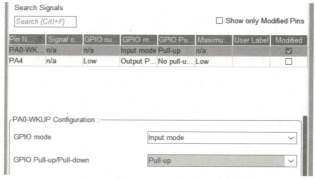

图4.3 引脚设置

②在芯片搜索框中输入 STM32F103VBT6,在芯片列表框中双击出现的芯片型号,完成启动芯片。

③配置引脚 PA0 为上拉输入模式,PA4 为输出模式。

（2）主程序流程图

主程序流程图,如图 4.4 所示。

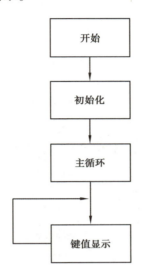

图 4.4　主程序流程图

3）源程序代码

下面是源程序代码的主要部分,其中重要的程序代码都做了注释,这里没有列出非主要程序代码,完整的程序详见教学资源中的程序及实验视频。

```
uint8_t u=0,i;     //变量u是记录按键按下次数的状态,i是判断按键按下的状态
uint8_t KEY1_StateRead(void)     //读取按键状态
{
/*读取此时按键值并判断是否被按下状态,如果是被按下状态进入函数内*/
if(HAL_GPIO_ReadPin(GPIOA,GPIO_PIN_0)==0)
{
    /*延时一小段时间,消除抖动*/
    HAL_Delay(10);
    /*延时时间后再来判断按键状态,如果还是按下状态说明按键确实被按下*/
    if(HAL_GPIO_ReadPin(GPIOA,GPIO_PIN_0)==0)
    {
    /*等待按键弹开才退出按键扫描函数*/
    while(HAL_GPIO_ReadPin(GPIOA,GPIO_PIN_0)==0);
    /*按键扫描完毕,确定按键被按下,返回按键被按下的状态*/
    u+=1;     //按下次数的状态加1
```

```
        return 1;
        }
    }
    /*按键没被按下,返回没被按下的状态*/
    return 0;
}
int main(void)
{
    HAL_Init();
    SystemClock_Config();
    MX_GPIO_Init();
    HAL_GPIO_WritePin(GPIOA, GPIO_PIN_4, GPIO_PIN_SET);
    //高电平PA4灯光熄灭
    while (1)
    {
        i = KEY1_StateRead();        //读取按键状态并赋给i
                                     //第一次按下
        if (i==1 & u==1)
        {
            HAL_GPIO_WritePin(GPIOA, GPIO_PIN_4, GPIO_PIN_RESET);
            //低电平PA4灯光点亮
            u = 2;      //按下次数的状态加赋值2
        }
        //第二次按下
        if (i==1 & u==3)
        {
            HAL_GPIO_WritePin(GPIOA, GPIO_PIN_4, GPIO_PIN_SET);
            //高电平PA4灯光熄灭
            u = 0;      //按下次数的状态加赋值0
        }

    }
}
```

【任务小结】

经过程序的调试、编译、并下载到 STM32 主控板,在设备上操作键盘,并点亮 LED

灯,如图4.5所示。

图4.5　实验效果图

【考核评价】

项目内容	评分点	配分/分	自评分值/分
独立按键控制	主程序流程图正确	20	
	程序编写正确	30	
	实物接线正确	20	
	按键控制效果正确	30	
合计		100	

【课后作业】

1.实现按下按键控制流水灯启动。

2.实现按下按键控制数码管显示当前日期。

任务 4.2　数码管动态显示的实现

【任务描述】

数码管动态显示的步骤:

第一步:第一个数码管完全显示"1"之后,再熄灭。

第二步:第二个数码管完全显示"2"之后,再熄灭。

第三步:第三个数码管完全显示"3"之后,再熄灭。

【任务分析】

矩阵键盘
工作原理

应用 STM32L052 主控板(图 4.6)及 4×4 矩阵键盘实训板(图 4.7)组建一个键盘操作控制系统,通过编写程序,操作 4×4 矩阵按下 SW13 点亮 D2,按下 SW14 熄灭 D2,按下 SW15 点亮 D1,按下 SW16 熄灭 D1。

【任务实施】

1)硬件连接

根据前面的分析,原理接线图如图 4.6 所示,实物接线图如图 4.7 所示。

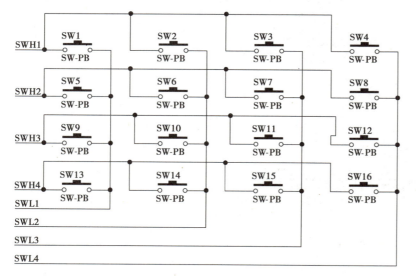
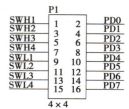

图 4.6　4×4 矩阵键盘原理接线图

矩阵键盘
编程

图 4.7 4×4 矩阵键盘实物接线图

2）软件编译

（1）建立工程

首先使用 STM32CubeMX 建立工程，前面章节中已经详细讲解过，这里只列出具体的引脚配置部分。

①启动 CubeMX 选择"ACCESS TO MCU SELECTOR"，进入目标选择界面，如图 4.8 所示。

②在芯片搜索框中输入 STM32F103VBT6，在芯片列表框中双击出现的芯片型号，完成启动芯片。

③配置引脚 PA4，PA5，PD4，PD5，PD6，PD7 为输出模式，PD0，PD1，PD2，PD3 为上拉输入模式。

（2）主程序流程图

主程序流程图，如图 4.8 所示。

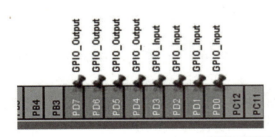

图 4.8 引脚配置图

（3）源程序代码

下面是源程序代码的主要部分，其中重要的程序代码都做了注释，这里没有列出非主要程序代码，完整的程序详见教学资源中的程序和实验视频。

```
//输入输出初始化
void lowr_input_high_out(void)      //PD0-PD3 输入   PD4-PD7 输出初始化
{
    GPIO_InitTypeDef GPIO_InitStruct = {0};
    __HAL_RCC_GPIOD_CLK_ENABLE();      //引脚 D 时钟使能
HAL_GPIO_WritePin(GPIOD, GPIO_PIN_4|GPIO_PIN_5|GPIO_PIN_6|GPIO_PIN_
```

7，GPIO_PIN_RESET）；

```
        GPIO_InitStruct. Pin = GPIO_PIN_0|GPIO_PIN_1|GPIO_PIN_2|GPIO_PIN_3；
    //初始化具体控制端口
        GPIO_InitStruct. Mode = GPIO_MODE_INPUT；        //端口模式是上拉输入
        GPIO_InitStruct. Pull = GPIO_PULLUP；            //端口状态是浮空
        HAL_GPIO_Init（GPIOD，&GPIO_InitStruct）；        //端口 D 初始化
        GPIO_InitStruct. Pin = GPIO_PIN_4|GPIO_PIN_5|GPIO_PIN_6|GPIO_PIN_7；
    //初始化具体控制端口
        GPIO_InitStruct. Mode = GPIO_MODE_OUTPUT_PP；     //端口模式是推挽输出
        GPIO_InitStruct. Pull = GPIO_NOPULL；        //端口状态是浮空
        GPIO_InitStruct. Speed = GPIO_SPEED_FREQ_LOW；     //端口速度是低速
        HAL_GPIO_Init（GPIOD，&GPIO_InitStruct）；        //端口 D 初始化

        HAL_GPIO_WritePin（GPIOD，GPIO_PIN_4|GPIO_PIN_5|GPIO_PIN_6|GPIO_PIN_
    7，GPIO_PIN_RESET）；
        }


    //PD0-PD3 输出    PD4-PD7 输入初始化
    void lowr_out_high_input（void）
        {
    __HAL_RCC_GPIOD_CLK_ENABLE（）；        //引脚 D 时钟使能
        GPIO_InitTypeDef GPIO_InitStruct = {0}；
        HAL_GPIO_WritePin（GPIOD，GPIO_PIN_0|GPIO_PIN_1|GPIO_PIN_2|GPIO_PIN_
    3，GPIO_PIN_RESET）；
        GPIO_InitStruct. Pin = GPIO_PIN_0|GPIO_PIN_1|GPIO_PIN_2|GPIO_PIN_3；
    //初始化具体控制端口
        GPIO_InitStruct. Mode = GPIO_MODE_OUTPUT_PP；     //端口模式是推挽输出
        GPIO_InitStruct. Pull = GPIO_NOPULL；            //端口状态是浮空
        GPIO_InitStruct. Speed = GPIO_SPEED_FREQ_LOW；     //端口速度是低速
        HAL_GPIO_Init（GPIOD，&GPIO_InitStruct）；        //端口 D 初始化
        GPIO_InitStruct. Pin = GPIO_PIN_4|GPIO_PIN_5|GPIO_PIN_6|GPIO_PIN_7；
    //初始化具体控制端口
        GPIO_InitStruct. Mode = GPIO_MODE_INPUT；        //端口模式是上拉输入
        GPIO_InitStruct. Pull = GPIO_PULLUP；
        HAL_GPIO_Init（GPIOD，&GPIO_InitStruct）；
        }
```

```
unsigned int key_val,key_fg,temp;
int main(void)
{
    HAL_Init();
    SystemClock_Config();
    MX_GPIO_Init();
    lowr_input_high_out();
while (1)
{
//s1-->0xee    s2-->0xde    s3-->0xbe    s4-->0x7e
//s5-->0xed    s6-->0xdd    s7-->0xbd    s8-->0x7d
//s9-->0xeb    s10-->0xdb   s11-->0xbb   s12-->0x7b
//s13-->0xe7   s14-->0xd7   s15-->0xb7   s16-->0x77
temp=GPIOD -> IDR & 0x00ff;        //读取端口状态数据
if((temp! =0x000f)&&(key_fg==0))      //确定是否有按键按下
    {
    HAL_Delay(5);
    temp=GPIOD->IDR&0x00ff;
    if((temp! =0x000f)&&(key_fg==0))       //确定被按下的按键是否松开
        {
        lowr_out_high_input();     //PD0-PD3 输出 PD4-PD7 输入
        key_val=GPIOD->IDR&0x00ff;      //将读取的数据保存
        key_val=key_val|temp;       //按位或运算,key_val 按键编码存放变量
        lowr_input_high_out();      //输入输出初始化
        key_fg=1;     //为下次按键做准备(按键控制的变量,按下为1,松开为0)
        }
    }
if(temp==0x000f)
key_fg=0;     //表示没有按键被按下,或者被按下的按键已经松开。
switch(key_val)     //通过按键键值,选择相应的按键
{
case 0x77:
HAL_GPIO_WritePin(GPIOA,GPIO_PIN_4,GPIO_PIN_SET);break;      //D1 灭 s16
case 0xB7:
HAL_GPIO_WritePin(GPIOA,GPIO_PIN_4,GPIO_PIN_RESET);break;   //D1 亮 s15
case 0xD7:
HAL_GPIO_WritePin(GPIOA,GPIO_PIN_5,GPIO_PIN_SET);break;      //D2 灭 s14
```

```
case 0xE7:
HAL_GPIO_WritePin(GPIOA,GPIO_PIN_5,GPIO_PIN_RESET);break;   //D2 亮 s13
    }
  }
}
```

【任务小结】

经过程序的调试、编译,并下载到 STM32 主控板,在设备上操作键盘,并点亮熄灭 LED 灯,如图 4.9 所示。

图 4.9　实验效果图

【考核评价】

项目内容	评分点	配分/分	自评分值/分
矩阵键盘控制	主程序流程图正确	20	
	程序编写正确	30	
	实物接线正确	20	
	数码管显示效果正确	30	
合计		100	

【课后作业】

1. 通过矩阵按键实现不同效果的数码管倒计时,如 10-1,100-1。
2. 通过矩阵按键实现不同效果数码管显示"-FF-"连续闪烁 3、10 s。

项目 5
中断控制设计及应用

【项目导读】

应用 Keil 5 程序编写软件、STM32CubeMX 引脚初始化配置,在 STM32F103VBT6 实训开发板上完成中断按键的控制实现。

【教学目标】

● 知识目标:掌握 STM32CubeMX 软件建立项目的步骤,掌握中断的概念、过程、分类及中断优先级及优先次序。

● 能力目标:会使用 STM32CubeMX 建立项目,使用 STM32 主控板设计一个中断按键控制系统,使用 C 语言编写程序并实现任务要求。

● 素养目标:通过本项目的学习培养学生精益求精、专注负责的工匠精神。

任务 5.1　中断方式按键的实现

【任务描述】

利用 LED 灯、按键与外部中断功能相结合,通过按键 K1 触发外部中断实现 LED 灯一直点亮,按键 K2 触发外部中断,实现 LED 灯闪烁。

【思政点拨】

通过学习中断的使用,提高 CPU 效率的方法,引入工作效率的意识。

师生共同思考:如何提高产品设计的工作效率及优化程序的思路?

【任务分析】

应用 STM32L052 主控板,当外部中断事件没有发生时,主循环控制发光二极管闪烁。当外部中断 0 发生时,在外部中断 0 的中断函数里面让发光二极管停止闪烁,并将发光二极管的状态修改为常亮状态。当外部中断 1 发生时,恢复发光二极管的闪烁状态。

【相关知识】

5.1.1　STM32 的中断原理

(1)中断向量表

I/O 接口外部中断在中断向量表中只分配了 3 个中断向量,只能使用 3 个中断服务函数。从表 5.1 中断向量及服务函数表中可以看出,外

中断的概念
及外部中断

部中断线 1:0分配一个中断向量,3:2分配一个中断向量,15:4分配一个中断向量,分别用 3 个中断服务函数。

表 5.1 中断向量及服务函数表

序号	中断向量	中断线	中断服务函数
1	EXTI0_1	EXTI 线[1:0]中断	EXTI0_1_IRQHandler
2	EXTI2_3	EXTI 线[3:2]中断	EXTI2_3_IRQHandler
3	EXTI4_15	EXTI 线[15:4]中断	EXTI4_15_IRQHandler

(2)中断初始化

外部中断操作使用到的函数分布文件在 stm3210xx_hal_gpio.h 和 stm3210xx_hal_gpio.c 中。外部中断的中断线映射配置和触发方式都在 GPIO 初始化函数中完成,下面以 PC 口的 13 引脚为例初始化中断设置。

```
static void EXTILine4_15_Config(void)
{
GPIO_InitTypeDef GPIO_InitStructure;
_HAL_RCC_GPIOC_CLK_ENABLE0;        //使能 PC 口时钟
GPIO_InitStructure.Mode=GPIO_MODE_IT_FALLING;//设置中断 PC13 作为输入引脚
GPIO_InitStructure.Pull=GPIO_NOPULL;
GPIO_InitStructure.Pin=GPIO_PIN_13;
GPIO_InitStructure.Speed=GPIO_SPEED_FREQ_HIGH;
HAL_GPIO_Init(GPIOC,&GPIO_InitStructure);
HAL_NVIC_SetPriority(EXTI4_15_IRQn,3,0);        //设置中断的优先级
HAL_NVIC_EnableIRQ(EXTI4_15_IRQn);
}
```

(3)中断处理函数

HAL 库同样提供了外部中断通用处理函数 HAL_GPIO_EXTI_IRQHandler,在外部中断服务函数中会调用该函数处理中断。外部中断通用处理函数如下:

```
void EXTI4_15_IRQHandler(void)
{
HAL_GPIO_EXTI_IRQHander(KEY_BUTTON_PIN);
}
```

(4)中断回调函数

用户最终编写的中断处理回调函数如下:

```
void HAL_GPIO_EXTI_Callback(uint16_t GPIO_Pin)
{
//具体控制逻辑
}
```

（5）中断一般配置步骤

中断一般配置步骤如下：

第一步：使能 IO 口时钟。

第二步：初始化 IO 口，设置触发方式：HAL_GPIO_Init（）。

第三步：设置中断优先级，并使能中断通道。

第四步：编写中断服务函数。

第五步：函数调用外部中断通用处理函数 HAL_GPIO_EXTI_IRQHandler。

第六步：编写外部中断回调函数：HAL_GPIO_EXTI_Callback。

【任务实施】

1）硬件连接

根据前述分析，原理接线图如图 5.1 所示。

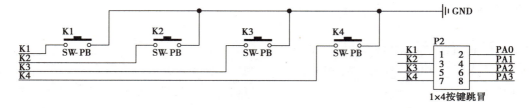

图 5.1　原理接线图

从图中可以看出，4 个独立式按键是通过跳线帽 P2 与 PA0，PA1，PA2，PA3 对接的。这里只用两个单片机口线，即 PA0 和 PA1。

2）软件编程

新建工程，配置 CubeMX 时需将这两个口线配置为外部中断模式。而且要在"功能属性"对话框中配置为上拉输入，下降沿触发。然后在"VNIC 属性"对话框中，使两个外部中断。发光二极管由 PA4 口驱动，配置 PA4 为推挽输出即可。设置好 CubeMX 的其他配置参数，如图 5.2 所示，就可生成代码。接下来，打开生成的代码。

外部中断
编程

程序开始时，定义一个变量标志位 ex_fg。用于识别当前的中断是 PA0 还是 PA1 产生的，并根据这个标志位的值决定是否执行主循环的内容。

```
void HAL_GPIO_EXTI_Callback(uint16_t GPIO_Pin)
    {
        if(GPIO_Pin==1)
        {
        ex_fg=1;
        HAL_GPIO_WritePin(GPIOA,GPIO_PIN_4,GPIO_PIN_RESET);
        }
        if(GPIO_Pin==2)
```

```
ex_fg = 0 ;
}
```

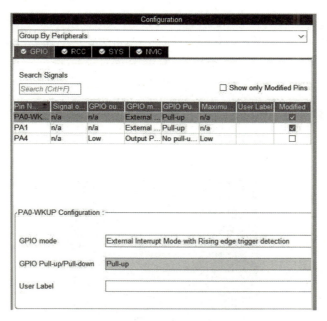

图 5.2 CubeMX 配置

这是中断回调函数,将其编写在主函数的上方。因为有两个中断,所以每次进中断后都会用这两个 if 语句来询问当前的中断号是多少。如果中断编号为 1 则表示当前的中断由 PA0 口产生,如果中断编号为 2 则表示当前的中断由 PA1 口产生,当第一个 if 语句条件表达式成立时,给变量标志位 ex_fg 置 1,同时设置 PA4 口为 0,点亮对应的发光二极管。当第二个 if 语句成立时,则表示此时的中断由 PA1 口产生,则给变量标志位置 0,也就是说变量标志位 ex_fg 可以用来表示当前中断的情况,当它为 1 时,表示外部中断 0 发生了,当它为 0 时,表示外部中断 1 发生了。

```
while (1)
{
    if( ex_fg = = 0)
    {
    HAL_GPIO_WritePin( GPIOA,GPIO_PIN_4,GPIO_PIN_SET) ;
    HAL_Delay(500) ;
    HAL_GPIO_WritePin( GPIOA,GPIO_PIN_4,GPIO_PIN_RESET) ;
    HAL_Delay(500) ;
    }
}
```

主循环由一个 if 语句组成。每一轮循环都会询问变量标志 ex_fg 的值是否等于零?如果等于零,则 if 语句条件表达式成立。那么执行一次 if 语句的内容,发光二极管闪烁一次。实际上,只要没有外部中断 0 事件发生,则 if 语句一直成立,发光二极管一直闪烁。任意时刻点,当 K1 键被按时,因为两个外部中断都被设置成了上拉输入,所以当按下 K1 的瞬间,立即产生一个下降沿,紧接着程序进入中断,在中断服务程序中,修改变量标志位 ex_fg 的值为 1,并将 PA4 的状态设置为低电平,发光二极管常亮,然后退出中断,主程序在下一轮循环中,发现 if 语句的条件表达已经不成立了,所以停止闪烁,之后主程序一直在询问 if 语句是否成立,当 K2 被按键,外部中断 1 发生,进中断服务程序,修改 ex_fg 的值为 0,然后退出中断,下一次主循环询问 if 语句时,条件成立了,发光二极管继续闪烁。

【任务小结】

经过程序的调试编译,并下载到 STM32 主控板,用按键 K1 触发外部中断,会观察到 LED 灯一直点亮;用按键 K2 触发外部中断,会观察到 LED 灯闪烁,实验效果如图 5.3 所示。

图 5.3　实验效果图

【考核评价】

项目内容	评分点	配分/分	自评分值/分
中断按键控制	主程序流程图正确	20	
	程序编写正确	30	
	实物接线正确	20	
	中断控制效果正确	30	
合计		100	

【课后作业】

1. 中断按键按下后实现流水灯。

2. 实现中断按键按下后数码管倒计时。

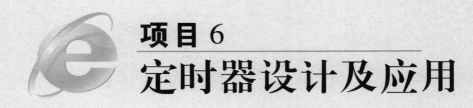

项目 6

定时器设计及应用

【项目导读】

应用 Keil 5 程序编写软件、STM32CubeMX 引脚初始化配置,在 STM32F103VBT6 实训开发板上完成定时器的控制实现。

【项目目标】

• 知识目标:掌握 STM32CubeMX 软件建立项目的步骤,理解定时器工作原理及相关库函数。

• 能力目标:会使用 STM32CubeMX 建立项目,使用 STM32 主控板设计一个定时器秒表,使用 C 语言编写程序并实现任务要求。

• 素养目标:通过本项目的学习培养学生精益求精、一丝不苟的严谨精神。

任务 6.1　定时器设计秒表

【任务描述】

根据定时器的基本原理,在数码管上实现从 0 ~ 59 s 的秒表实验。

【思政点拨】

通过学习定时器的使用,引入严谨准确的学习态度和工作习惯。

师生共同思考:我的工作标准、工作规范是否严谨? 能否培养自己在学习工作中养成一种"不怕苦、不怕累,干一行、爱一行、钻一行"的"螺丝钉精神"。

【任务分析】

定时器秒表是通过 STM32 芯片内部资源通用定时器 2(TIM2)向上计数生成 1 s 的中断信号并靠数码管输出显示。本任务只要理解定时器原理,结合前面学习的中断概念和数码管原理,就可以编写程序实现本任务。

【相关知识】

6.1.1　定时器原理

STM32 定时器功能特点,见表 6.1。

定时器的
工作原理

表 6.1　STM32 定时器功能特点

定时器种类	位数	计数器模式	产生 DMA 请求	捕获/比较通道	特殊应用场景
通定时器（TIM2、TIM3）	16	向上,向下,向上/下	可以	4	通用定时器,PWM 输出,输入捕获,输出比较、单脉冲输出
通定时器（TIM21、TIM22）	16	向上,向下,向上/下	可以	2	通用定时器,PWM 输出,输入捕获,输出比较、单脉冲输出
基本定时器（TIM6、TIM7）	16	向上	没有	2	主要用于 DAC 同步

表 6.1 中描述了 3 种定时器的位数、计数器模式、产生 DMA 请求与否、捕获/比较通道、特殊应用场景等,其中,STM32 的通用定时器 TIMx(TIM2、TIM3)功能特点包括:第一,具有 16 位向上、向下、向上/向下(中心对齐)的计数模式,有自动装载计数器(TIMx_CNT);第二,具有 16 位可编程预分频器(TIMx_PSC),计数器时钟频率的分频系数为 1 ~ 65 535 的任意数值;第三,具有 4 个独立通道(TIMx_CH1-4),这些通道可用来作为输入捕获、输出比较、PWM 生成、单脉冲模式输出。

(1)定时器产生中断事件

下列事件发生时将会产生中断:

第一,计数器向上溢出/向下溢出。

第二,触发事件:计数器启动、停止、初始化或者由内部/外部触发计数。

第三,输入捕获。

第四,输出比较。

第五,支持针对定位的增量编码器和霍尔传感器电路。

第六,触发输入作为外部时钟或者按周期的电流管理。

STM32 的通用定时器可以用于测量输入信号的脉冲长度(输入捕获)或者产生输出波形(输出比较和 PWM)等。使用定时器预分频器和 RCC 时钟控制器预分频器时,脉冲长度和波形周期可以在几微秒到几毫秒之间调整,STM32 的每个通用定时器都是完全独立的,没有互相共享的任何资源。

(2)计数器模式

通用定时器可以向上计数、向下计数、中心对齐模式,如图 6.1 所示。

第一,向上计数模式:计数器从 0 计数到自动装入值(TIMx ARR),然后重新从 θ 开始计数并且产生一个计数器溢出事件。

第二,向下计数模式:计数器从自动装入值(TIMx ARR)开始向下计数到 0,然后从自动装入的值重新开始,并产生一个计数器溢出事件。

第三,中心对齐模式(向上/向下计数):计数器从 0 开始计数到自动装入值-1,产生一个计数器溢出事件,然后向下计数到 1 并且产生一个计数器溢出事件;随后再从 0 开始重新计数。

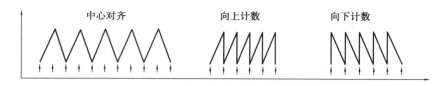

图6.1　计数模式

（3）计数器寄存器

计数器寄存器（TIMx CNT）分为向上计数、向下计数、中心对齐计数。预分频器寄存器（TIMx PSC），可将时钟频率按 1 ~ 65 536 的任意值进行分频，可在运行时改变其设置值。

（4）捕捉比较阵列介绍

捕捉比较阵列中每个定时器有 4 个同样的捕捉比较通道。可以用编程的方法设定通道的方向为输入还是输出，每个通道由捕捉/比较寄存器、捕捉输入部分、比较输出部分组成，其中，针对捕捉输入部分有 4 位数字滤波器和输入捕捉分频器，输入捕捉分频器指检测到每个边沿完成捕捉、每产生 2 个事件完成捕捉、每产生 4 个事件完成捕捉、每产生 8 个事件完成捕捉，针对比较的输出部分组成包括比较器和输出控制。

（5）PWM 模式

在 PWM 模式运行中，定时器 2、3 可以产生 4 位独立的信号。PWM 模式运行产生频率和占空比可以进行如下设定，一个自动重载寄存器用于设定 PWM 的周期，每个 PWM 通道有一个捕捉比较寄存器用于设定占空比。例如，产生一个 40 kHz 的 PWM 信号，在定时器 2 的时钟为 72 MHz 下，占空比为 50%，预分频寄存器设置为 0，计数器的时钟为 TIMICLK（0+1），自动重载寄存器设为 1 799，CCRx 寄存器设为 899。

6.1.2　定时器溢出时间（TIME）计算公式

TRGI（72M）作定时器时钟源；计数器时钟 CK_CNT = TRGI / TIMX_PSC+1；溢出时间 TIME = ARR/CK_CNT。ARR 是自动重载计数器，TIMX_PSC 是预分频计数器。

6.1.3　定时器中断库函数介绍

①打开定时器中断函数：HAL_TIM_Base_Start_IT（&htim2）；用于开启定时器 2 中断通道；HAL_TIM_Base_Stop_IT（&htim2）；用于关闭定时器 2 中断通道。

②void HAL_TIM_PeriodElapsedCallback（TIM_HandleTypeDef ∗ htim）{}，用于中断服务函数的回调，在定时器溢出时产生中断信号，自动进入此回调函数中，括号中为具体运行的事件。

【任务实施】

（1）建立工程

首先使用 STM32CubeMX 建立工程，前面章节中已经详细讲解过，这里只列出具体的引脚配置部分。

①启动 CubeMX 选择"ACCESS TO MCU SELECTOR",进入目标选择界面。

②在芯片搜索框中输入 STM32F103VBT6,在芯片列表框中双击出现的芯片型号,完成启动芯片。

③配置引脚 PC1～PC7 为输出模式,打开定时器2,时钟源选择 Internal Clock,PSC 设置为 7200-1,ARR 设置为 10000-1,并打开定时器中断如图 6.2 所示。

图 6.2 定时器的配置

(2)主程序流程图

主程序流程图,如图 6.3 所示。

(3)源程序代码

下面是源程序代码的主要部分,其中重要的程序代码都做了注释,这里没有列出非主要程序代码,完整的程序详见教学资源中的程序及实验视频。

基于定时器
实现的电子秒表

```
uint8_t j1,v,se1,se2;
int main(void)
{
    HAL_Init();  //HAL 库全局初始化
```

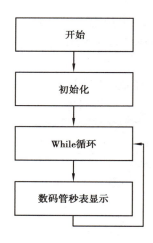

图6.3 主程序流程图

```
SystemClock_Config( );                //时钟初始化
MX_GPIO_Init( );                      //GPIO 口初始化
MX_TIM2_Init( );                      //定时器2 初始化
HAL_TIM_Base_Start_IT( &htim2 );      //打开定时器中断,让其1 s 响应一次
while ( 1 )
{
  for( j1 = 1;j1 < = 10;j1++)         //j1 用以 for 循环计数
  {
    if( v = = 1 )                     //v 用来表示定时器中断标志位
    {
      v = 0;                          //清除定时器中断标志位
      se2 = se2+1;                    //se2 表示秒表秒个位,se1 表示秒表秒十位
      if( se2 = = 10)                 //当个位满十,向十位加1
      {
        se1 = se1+1;    //十位数字显示
        se2 = 0;        //个位数字显示清零
        if( se1 = = 6)  //定时达到60 s
        {
          se1 = 0;    //十位清零
          se2 = 0;    //个位清零
        }
      }
    }
  }
}
  HC138( 1 );
```

```
        HC595(table[se1]);        //数码管显示出十位上的秒数
        HAL_Delay(10);            //延时10 ms,保证数码管的稳定
        HC138(0);
        HC595(table[se2]);        //数码管显示出个位上的秒数
        HAL_Delay(10);            //延时10 ms,保证数码管的稳定
        HC595(1);
    }
}


void HAL_TIM_PeriodElapsedCallback(TIM_HandleTypeDef ∗htim)
    //当定时器中断来临,执行此函数的内容
    {

        v=1;        //中断标志位,用来确定1 s时间的来临


    }
```

【任务小结】

经过程序的调试、编译、下载到 STM32 主控实训板,能够实现从 0 ~ 59 的秒表实验,如图 6.4 所示。

图 6.4 实验效果图

【考核评价】

项目内容	评分点	配分/分	自评分值/分
定时器秒表	主程序流程图正确	20	
	程序编写正确	30	
	实物接线正确	20	
	定时器秒表显示效果正确	30	
合计		100	

【课后作业】

1. 根据定时器的基本原理及例程,编写一个从 100～0 的倒计时实验。

2. 实现定时器 10 s 倒计时后数码管显示自己生日后 4 位。

基于定时器
实现的呼吸灯

项目 7
串口通信设计及应用

【项目导读】

应用 Keil 5 程序编写软件、STM32CubeMX 引脚初始化配置,在 STM32F103VBT6 实训开发板上完成串口通信的控制实现。

【教学目标】

• 知识目标:掌握 STM32CubeMX 软件建立项目的步骤,理解串口通信工作原理及相关库函数。

• 能力目标:会使用 STM32CubeMX 建立项目,使用 STM32 主控板设计一个串口通信的系统,使用 C 语言编写程序并实现任务要求。

• 素养目标:通过本项目的学习培养学生爱国主义的民族自信心。

任务 7.1　串口控制数码管显示

【任务描述】

将数码管的动态显示和 STM32 的串口中断接收功能结合起来,完成串口向芯片发送 8 个数字并显示到数码管上。

【思政点拨】

通过学习串口的使用,引入严谨的治学态度及工作习惯。

师生共同思考:我国北斗全球系统共 55 颗卫星发射成功,标志着我国北斗卫星导航系统完成了全球组网。北斗倾注了无数个中国航天人 20 多年的心血,值得我们每个人学习。作为学习相关专业的同学,希望大家毕业后能发挥专业优势,为国家建设作出应有的贡献。

【任务分析】

通过计算机的串口助手给 STM32 主控板以 16 进制发送 0～9 这 10 个数字中的任意 8 个数字,STM32 主控板收到这 8 个数字后,并将它们显示到数码管上。

【相关知识】

7.1.1　串口通信原理

在通信领域内,有两种数据通信方式:并行通信和串行通信。随着

串行通信的基本
概念及数据格式

计算机网络化和微机分级分布式应用系统的发展,通信的功能越来越重要。通信是指计算机与外界的信息传输,既包括计算机与计算机之间的传输,也包括计算机与外部设备,如终端、打印机和磁盘等设备之间的传输。

1)并行通信

假设 A,B 两个设备,需要进行通信。通信内容:A 向 B 发送十六进制数 0xaa。如果在通信过程中,采用并行通信的方式完成这项任务。那么至少需要 8 根传输线。因为一个二进制数需要占用一根传输线。这种通信方式的特点是通信速度快,但传输线多,成本高,不适合做长距离传输。所以并行通信使用的场合通常是那些对通信速度要求比较高,通信距离比较短的地方,如图 7.1 所示。

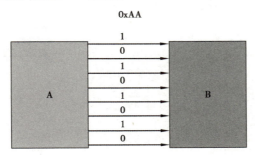

图 7.1　并行通信的数据传输

2)串行通信

例如,计算机主机内部内存条与主板、硬盘与主板之间的通信,往往采用并行通信。如果采用串行通信的方式完成这项任务。那么只需要 3 根传输线即可。这 3 根导线分别是数据发送线、数据接收线和公共地信号线。因为在通信过程中,使用的导线数量比较少。所以适合做长距离传输,但由于每次只能传送一个二进制数,因此传送一个字节的数据。至少需要传送 8 次,传送速度较慢,如图 7.2 所示。

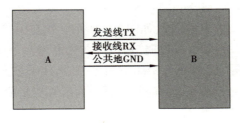

图 7.2　串行通信的数据传输

7.1.2　串行通信的方式

按照串行数据的时钟控制方式,串行通信可分为异步通信和同步通信。

1）同步通信

如果在通信过程中，发送和接收双方使用的是同一个时钟源。那么把这种通信称为同步通信。串行通信根据数据传输的方向和时间关系可分为单工、半双工和全双工 3 种方式，如图 7.3 所示。

在串行通信中，任意时刻点 AB 两个通信设备，一个只具备接收数据的功能。另一个只具备发送数据的功能。这种单向传送数据的系统，称为单工通信系统［图 7.3（a）］。如果在通信过程中，设备 AB 既能接收也能发送数据，但同一时刻点，只能有一个发送一个接收，则称为半双工通信［图 7.3（b）］；若同一时刻点，AB 两个设备既能发送也能接收数据，则称为全工通信［图 7.3（c）］。在生活中，广播属于单工通信，对讲机构建的系统属于半双工通信，打电话属于全双工通信。

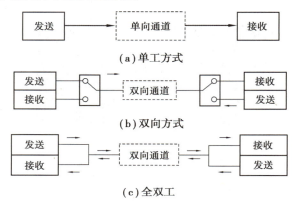

（a）单工方式

（b）双向方式

（c）全双工

图 7.3　3 种通信方式

2）异步通信

在通信过程中，如果发送和接收双方使用的是各自的时钟源，那么这种通信称为异步通信。其中 STM32 的串口属于异步通信。

在异步通信中，数据或字符是一帧一帧地被传送。一个数据帧通常由起始位、数据位、奇偶校验位和停止位 4 个部分组成，如图 7.4 所示。在空闲时，没有信息传递时，数据线上的电平状态为高，如果需要发送数据，发送端首先发送一个起始位"0"，把数据线拉低。然后发送数据位，数据位通常由 8 个二进制数组成，接下来发送奇偶校验位，通常该位可以省略，最后是一个停止位"1"。在异步通信中，接收端是依靠字符帧格式来判断发送端是何时开始发送和何时结束的。

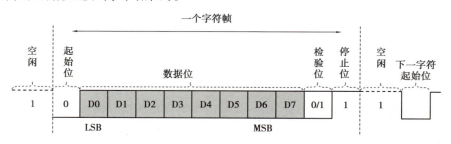

图 7.4　异步通信的字符帧格式

字符帧格式如下：

①起始位：起始位必须是持续一个比特时间的逻辑"0"电平，标志传送一个字符的开始。

②数据位：数据位为 5～8 位，紧跟在起始位后，是被传送字符的有效数据位。传送时先传送字符的低位，后传送字符的高位。数据位究竟是几位，可由硬件或软件来设定。

③奇偶校验位：奇偶校验位仅占一位，用于进行奇校验或偶校验，也可以不设奇偶位。

④停止位：停止位为 1 位、1.5 位或 2 位，可由软件设定。它一定是逻辑"1"电平，标志着传送一个字符的结束。

⑤空闲位：空闲位表示线路处于空闲状态，此时线路上为逻辑"1"电平。空闲位可以没有，此时异步传送的效率为最高。

3) 波特率

波特率为每秒传送二进制数码的位数，也称比特数，单位为 b/s，即位/秒。波特率用于表征数据传输的速度，波特率越高，数据传输速度越快。波特率在通信过程中，收发双方每秒发送或接收二进制数的个数，常用的波特率有 1 200，2 400，4 800，9 600，19 200，38 400，115 200 等。以 9 600 为例，它表示每秒传递 9 600 个二进制数，那么传递一个二进制数需要的时间应为 1 000 ms/9 600≈0.104 ms，如果波特率是 115 200，那么传递一个二进制数的时间应为 1 000 ms/115 200≈0.008 68 ms。显然波特率越高，二进制位占用的时间宽度越小。在同等情况下，波特率越高，在传递过程中，信号衰减、失真的概率越大，出错的概率也就越大。如果在通信过程中出了问题，那么发送和接收的内容会不一致。

异步通信的优点是不需要传送同步时钟，因为字符帧长度不受限制，所以设备简单。缺点是字符帧中因包含起始位和停止位，从而降低了有效数据的传输速率。

7.1.3　常见的串行通信接口

1) 常见的串行通信接口

常见的串行通信接口，见表 7.1。

表 7.1　串行通信接口

通信标准	引脚说明	通信方式	通信方向
UART （通用异步收发器）	TXD：发送端 RXD：接收端 GND：公共地	异步通信	全双工
单总线 （1-Wire）	DQ：发送/接收端	异步通信	半双工
SPI	SCK：同步时钟 MISO：主机输入，从机输出 MOSI：主机输出，从机输入	同步通信	全双工
I2C	SCL：同步时钟 SDA：数据输入/输出端	同步通信	半双工

2) UART 异步通信方式引脚连接方法

UART 异步通信方式引脚连接方法如图 7.5 所示。

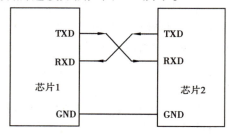

图 7.5　串行通信引脚连线

TXD：数据发送引脚，发送数据。

RXD：数据输入引脚，接收数据。

3) STM32F103VBT6 串口引脚

STM32F103VBT6 串口引脚，见表 7.2。

表 7.2　串口引脚

串口号	RXD	TXD
USART1	PA9	PA10
USART2	PA3	PA2
USART3	PB11	PB10

4) 串口配置的一般步骤

①串口时钟使能，GPIO 时钟使能：_HAL_RCC_USART1_CLK_ENABLE( )。

②串口复位：HAL_UART_DeInit ( )；这一步不是必须的。

③GPIO 端口模式设置：HAL_UART_MspInit ( )。

④串口参数初始化：HAL_UART_Init ( )。

⑤开启中断并且初始化 NVIC（如果需要开启中断才需要这个步骤）。

HAL_NVIC_SetPriority(USART1_IRQn，0，1)；

HAL_NVIC_EnableIRQ(USART1_IRQn)；

⑥开启接收中断：HAL_UART_Receive_IT(&UartHandle，&aRxBuffer，1)。

⑦编写串口中断输入函数。

void USART1_IRQHandler(void)

　　{

　　　　HAL_UART_IRQHandler(& UartHandle)；

　　}

⑧编写发送中断处理函数。

void HAL_UART_TxCpltCallback(UART_HandleTypeDef ＊ huart)；

⑨编写接收中断处理函数。

void HAL_UART_RxCpltCallback(UART_HandleTypeDef * huart);

5)函数介绍

①HAL_UART_Transmit(UART_HandleTypeDef * huart,uint8_t * pData,

uint16_t Size,uint32_t Timeout); //串口发送数据,使用超时管理机制

其中,UART_HandleTypeDef * huart:串口号;

uint8_t * pData:存放数据的数组;

uint16_t Size:接收数据长度,设置数据存放位置;

uint32_t Timeout:发送数据时间,如果超时没发送完成,则不再发送

②HAL_UART_Receive(UART_HandleTypeDef * huart, uint8_t * pData,

uint16_t Size, uint32_t Timeout); //串口接收数据,使用超时管理机制

③HAL_UART_Transmit_IT(UART_HandleTypeDef * huart, uint8_t * pData,

uint16_t Siz); //串口中断模式发送数据

④HAL_UART_Receive_IT(UART_HandleTypeDef * huart, uint8_t * pData,

uint16_t Size); //串口中断模式接收数据

⑤HAL_UART_Transmit_DMA(UART_HandleTypeDef * huart, uint8_t * pData,

uint16_t Siz); //串口 DMA 模式发送数据

⑥HAL_UART_Receive_DMA(UART_HandleTypeDef * huart, uint8_t * pData,

uint16_t Siz); //串口 DMA 模式接收数据

⑦HAL_UART_IRQHandler(UART_HandleTypeDef * huart); //串口中断处理函数

⑧HAL_UART_TxCpltCallback(UART_HandleTypeDef * huart);

//串口发送中断回调函数

⑨HAL_UART_TxHalfCpltCallback(UART_HandleTypeDef * huart);

//串口发送一半中断回调函数(用得较少)

⑩HAL_UART_RxCpltCallback(UART_HandleTypeDef * huart);

//串口接收中断回调函数

⑪HAL_UART_RxHalfCpltCallback(UART_HandleTypeDef * huart);

//串口接收一半回调函数(用的较少)

⑫HAL_UART_ErrorCallback(); //串口接收错误函数

6)重定义 printf、sconf 函数

//函数功能:重新定义 c 库函数 printf 到串口

Int fputc(int ch, FILE * f)

{

　　HAL_UART_Transmit(&huart1, (uint8_t *)&ch, 1, 0xffff);

　　Return ch;

}

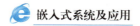

//函数功能：重定向 c 库函数 getchar，scanf 到串口

```
Int fgetc(FILE *f)
{
    uint8_t ch = 0;
    HAL_UART_Receive(&huart1, &ch, 1, 0xffff);
    return ch;
}
```

【任务实施】

1）硬件连接

根据前述分析，原理接线图如图7.6所示。

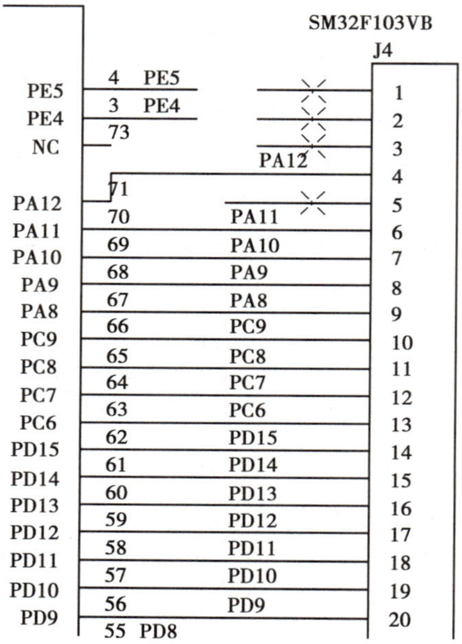

图7.6　原理接线图

2）软件编程

（1）建立工程

首先使用 STM32CubeMX 建立工程，前面章节中已经详细讲解过，这里不全部列出。

①启动 CubeMX 选择"ACCESS TO MCU SELECTOR"，进入目标选择界面；

②在芯片搜索框中输入 STM32F103VBT6，在芯片列表框中双击出现的芯片型号，完成启动芯片；

HAL 库串口
配置及应用

③串口配置如图7.7、图7.8所示。

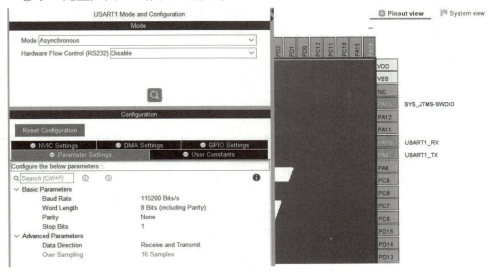

图 7.7　引脚配置

图 7.8　打开串口中断

（2）主程序流程图

主程序流程图如图7.9所示。

（3）源程序代码

下面是主要的程序代码，有些程序代码这里没有列出，其中重要的程序代码都作了注释，类似的程序代码只作一次注释，完整的程序详见教学资源中的程序及实验视频。

串口控制
数码管显示

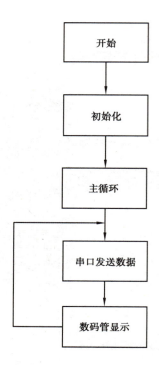

图7.9 主程序流程图

unsigned   char   uart1_rx_buf[8];   //串口接收数据存储位置
unsigned char   table［10］={0x3f,0x06,0x5b,0x4f,0x66,0x6d,0x7d,0x07,0x7f,
0x6f};   //数码管显示0~9字模

void HAL_UART_RxCpltCallback(UART_HandleTypeDef ∗huart)
//串口中断调用函数
{
    if(huart->Instance == USART1)   //判断是由哪个串口触发的中断
    {
    HAL_UART_Receive_IT(&huart1,uart1_rx_buf,8);
    //接收串口助手发出的数据
    }
}
int main(void)
{
  HAL_Init();
  SystemClock_Config();
  MX_GPIO_Init();
  MX_USART1_UART_Init();
  HAL_UART_Receive_IT(&huart1,uart1_rx_buf,8);   //接收串口助手发出的数据

```
while（1）
{
    for( int num = 0 ;num<8 ;num++)
    {
        HC138( num) ;
        HC595( table [ uart1_rx_buf[ num ] ] ) ;
        HAL_Delay( 1 ) ;
    }
}
}
```

【任务小结】

整个程序中断函数负责接收来自串口助手端的数据。主循环按照数码管动态显示的方法,对 8 个数码管进行扫描显示,效果如图 7.10 和图 7.11 所示。

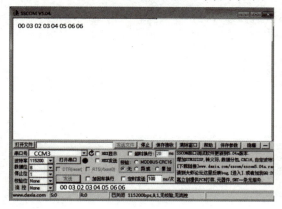

图 7.10 实验效果图

图 7.11 实验效果图

【考核评价】

项目内容	评分点	配分/分	自评分值/分
串口通信控制	STM32Cube 工程建立正确	20	
	程序编写正确	30	
	实物接线正确	20	
	串口通信效果正确	30	
合计		100	

【课后作业】

1.实现串口给单片机发送数据 1,2,3,点亮前 6 个 LED 灯、闪烁、流水灯。

2.实现串口给单片机发送数据,数码管显示电话号码前 8 位。

项目 8
点阵显示设计及应用

【项目导读】

应用 Keil 5 程序编写软件、STM32CubeMX 引脚初始化配置，在 STM32F103VBT6 实训开发板上完成 16×16 点阵显示的控制实现。

【项目目标】

• 知识目标：掌握 STM32CubeMX 软件建立项目的步骤，理解点阵显示原理及相关库函数。

• 能力目标：会使用 STM32CubeMX 建立项目，使用 STM32 主控板设计 16×16 点阵显示的控制系统，使用 C 语言编写程序并实现任务要求。

• 素养目标：通过本项目的学习，培养学生精益求精、专注负责的工匠精神。

任务 8.1   用 16×16 点阵逐个显示"你""好""啊"

【任务描述】

根据 STM32F103VBT6 主控板、16×16 点阵显示模块组建一个点阵显示控制系统。

【思政点拨】

点阵可以显示字符和汉字。学生思考如何编写程序显示"人工智能技术应用"的内容，实现学生在课程中学习新技术的想法。

【任务分析】

1. 应用 STM32F103 主控板、16×16 LED 点阵显示模块组成点阵显示控制系统，编写程序，在 16×16 LED 点阵显示模块上循环显示：点亮第一列从左到右显示，然后点亮第一行从上到下显示，循环两次，再逐个显示"你""好""啊"3 个字。

2. 运用 C 语言编写程序并调试出任务要求效果。

【相关知识】

8.1.1　点阵介绍

LED 点阵的
内部结构及
工作原理

以简单的 8×8 点阵为例，它共由 64 个发光二极管组成，且每个发光二极管是放置在行线和列线的交叉点上，当对应的某一行置 1 电平，某一列置 0 电平时，则相应的二极管被点亮；如果要将第一个点点亮，则 9 脚接高电平，13 脚接低电平,则第一个点就亮了;如果要将第一行点亮,则第 9 脚接高电平,而(13,3,4,10,6,11,15,16)这些引脚接低电平,那么第一行就会被点亮;如要将第一列点亮,则第 13 脚接低电平,而(9,14,8,12,1,7,2,5)接高电平,那么第一列就会被点亮。

一般使用点阵显示汉字,是用的 16×16 的点阵宋体字库,所谓 16×16,是每一个汉字在纵、横各 16 点的区域内显示。也就是说,用 4 个 8×8 点阵组合成 1 个 16×16 点阵。比如,要显示"你"则相应的点要点亮,由于点阵在列线上是低电平有效,而在行线上是高电平有效,所以要显示"你"字,则它的位代码信息要取反,即所有列(13 ~ 16 脚)送(0xF7,0x7F),而第一行(9 脚)送 1 信号,然后第一行送 0。再送第二行要显示的数据(13 ~ 16 脚)送(0xF7,0x7F),而第二行(14 脚)送 1 信号。依此类推,只要每行数据显示的时间间隔够短,利用人眼的视觉暂停功能,这样送 16 次数据扫描完 16 行后就会看到一个"你"字;第二种送数据的方法是字模信号送到行线上再扫描列线也是同样的道理。同样以"你"字来说明,16 行(9,14,8,12,1,7,2,5)上送(0x00,0x00)而第一列(13 脚)送"0"。同理扫描第二列。当行线上送了 16 次数据而列线上扫描了 16 次后,"你"字也就显示出来了。

【任务实施】

1)硬件连接

原理接线图如图 8.1 所示,实物接线图如图 8.2 所示。

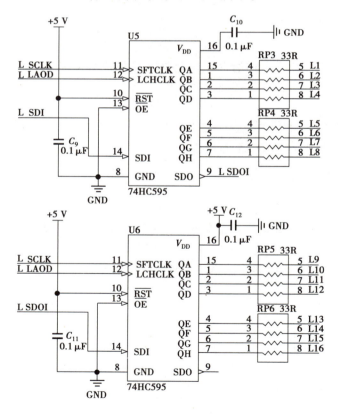

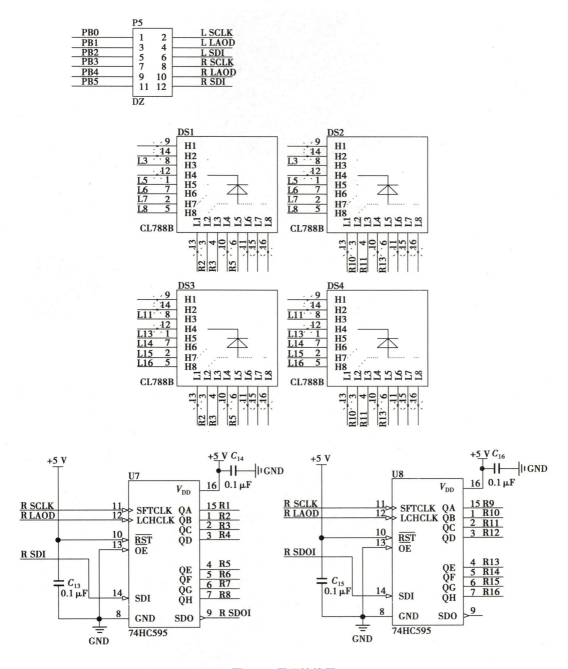

图 8.1 原理接线图

图 8.2 实物接线图

2）软件编程

（1）建立工程

首先使用 STM32CubeMX 建立工程，前面章节中已经详细讲解过，这里不全部列出。

LED 点阵
编程

①启动 CubeMX 选择"ACCESS TO MCU SELECTOR"，进入目标选择界面。

②在芯片搜索框中输入 STM32F103VBT6，在芯片列表框中双击出现的芯片型号完成芯片启动。

③电路图上一共使用了 6 个单片机口线。分别为 PB0，PB1，PB2，PB3，PB4，PB5，其中，PB0，PB1，PB2 用于驱动 U5 和 U6，PB0 作为移位寄存器时钟使用，分别接入这两个芯片的第 11 脚，PB1 作为数据锁存器时钟使用分别接入这两个芯片的第 12 脚，PB3 作为数据输入线使用，接入 U5 的第 14 脚，U6 数据输入线来自 U5 的第 9 脚，两个芯片为一组，是级联关系，负责列线上字模的发送；PB3，PB4，PB5 用于驱动 U7 和 U8，PB3 作为移位寄存器时钟使用，分别接入这两个芯片的第 11 脚，PB4 作为数据锁存器时钟使用，分别接入这两个芯片的第 12 脚，PB5 作为数据输入线使用，接入 U7 的第 14 脚，U8 的数据输入线来自 U7 的第 9 脚，两个芯片为一组，是级联关系，负责列线开关状态的控制；所以在 CubeMX 初始化时，需要把这些管脚全部设置为输出，如图 8.3 所示。

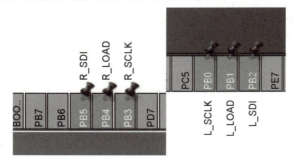

图 8.3 引脚配置

（2）主程序流程图

主程序流程图，如图8.4所示。

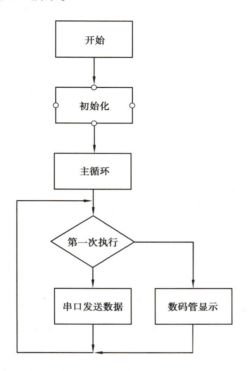

图8.4　主程序流程图

（3）源程序代码

/*字模定义，用取模软件取模*/

　const uint8_t hz[3][32]={

/*--你--*//*-- 宋体12;此字体下对应的点阵为宽×高=16×16　-- */

0x20,0x10,0x08,0xFC,0x23,0x10,0x88,0x67,0x04,0xF4,0x04,0x24,0x54,0x8C,0x00,0x00,

0x40,0x30,0x00,0x77,0x80,0x81,0x88,0xB2,0x84,0x83,0x80,0xE0,0x00,0x11,0x60,0x00,

/*--好--*//*-- 宋体12;此字体下对应的点阵为宽×高=16×16　-- */

0x10,0x10,0xF0,0x1F,0x10,0xF0,0x00,0x80,0x82,0x82,0xE2,0x92,0x8A,0x86,0x80,0x00,

0x40,0x22,0x15,0x08,0x16,0x61,0x00,0x00,0x40,0x80,0x7F,0x00,0x00,0x00,0x00,0x00,

/*--啊--*//*-- 宋体12;此字体下对应的点阵为宽×高=16×16　-- */

0xFC,0x04,0xFC,0x00,0xFE,0x42,0xBE,0x00,0xF2,0x12,0xF2,0x02,0xFE,0x02,0x00,0x00,

0x0F,0x04,0x0F,0x00,0xFF,0x10,0x0F,0x00,0x0F,0x04,0x4F,0x80,0x7F,0x00,

```
0x00,0x00,
    };
    /*点阵行列数据处理*/
    //595芯片写入点阵列R数据
    void Matrix_595_R(uint16_t data)
    {
        uint8_t i;
        for(i = 0;i<16;i++)
        {
          if(((data >> 15) & 1)= = 1)
            HAL_GPIO_WritePin(R_SDI_GPIO_Port, R_SDI_Pin, GPIO_PIN_SET);
          else    HAL_GPIO_WritePin(R_SDI_GPIO_Port, R_SDI_Pin, GPIO_PIN_RESET);
            data <<= 1;
            HAL_GPIO_WritePin(R_CLK_GPIO_Port, R_CLK_Pin, GPIO_PIN_SET);
            HAL_GPIO_WritePin(R_CLK_GPIO_Port, R_CLK_Pin, GPIO_PIN_RESET);
        }
        HAL_GPIO_WritePin(R_LOAD_GPIO_Port, R_LOAD_Pin, GPIO_PIN_SET);
        delay_us(50);
        HAL_GPIO_WritePin(R_LOAD_GPIO_Port, R_LOAD_Pin, GPIO_PIN_RESET);
    }
    //595芯片写入点阵行L数据
    void Matrix_595_L(uint16_t data)
    {
        uint8_t i;
        for(i = 0;i<16;i++)
        {
          if(((data >> 15) & 1)= = 1)
            HAL_GPIO_WritePin(L_SDI_GPIO_Port, L_SDI_Pin, GPIO_PIN_SET);
          else    HAL_GPIO_WritePin(L_SDI_GPIO_Port, L_SDI_Pin, GPIO_PIN_RESET);
            data <<= 1;
            HAL_GPIO_WritePin(L_CLK_GPIO_Port, L_CLK_Pin, GPIO_PIN_SET);
            HAL_GPIO_WritePin(L_CLK_GPIO_Port, L_CLK_Pin, GPIO_PIN_RESET);
        }
        HAL_GPIO_WritePin(L_LOAD_GPIO_Port, L_LOAD_Pin, GPIO_PIN_SET);
        delay_us(50);
```

```
    HAL_GPIO_WritePin(L_LOAD_GPIO_Port, L_LOAD_Pin, GPIO_PIN_RESET);
}
//测试点阵
void test(void)
{
    uint8_t i;
    Matrix_595_L(0xffff);              //从左到右发送高电平
    for(i = 0;i < 16;i++)
    {
        Matrix_595_R(~(1<<i));         //发送低电平
        HAL_Delay(100);
    }

    Matrix_595_R(  0x0000);            //行从上到下发送
    for(i = 0;i < 16;i++)
    {
        Matrix_595_L(1<<i);            //列
        HAL_Delay(100);
    }
}
//点阵 写汉字
void test_chinese(void)
{
    uint8_t i;
    uint16_t data=0;
    static uint8_t c1=0,c2=0;
//方法1:L做位码,R做断码
    for(i = 0;i < 16;i++)
    {
        data=dz_dat[c1][i*2] | dz_dat[c1][i*2+1]<<8 ;
        Matrix_595_R((data));          //负极
        Matrix_595_L(0x01<<i);         //正   从左到右
        delay_us(50);
        Matrix_595_R(0xffff);          //负极   消影
        Matrix_595_L(0x0000);          //正   从左到右
    }
/ *16×16 点阵端口初始化 */
```

```
static void MX_GPIO_Init( void)
{
GPIO_InitTypeDef GPIO_InitStruct;
__HAL_RCC_GPIOA_CLK_ENABLE( );    /* GPIO Ports Clock Enable */
HAL_GPIO_WritePin( GPIOA, DATA_Pin|CLK_Pin|DZ_LOAD_Pin, GPIO_PIN_RE-
SET);
GPIO_InitStruct. Pin = DATA_Pin|CLK_Pin|DZ_LOAD_Pin;    //端口
GPIO_InitStruct. Mode = GPIO_MODE_OUTPUT_PP;    //输出
GPIO_InitStruct. Pull = GPIO_NOPULL;
GPIO_InitStruct. Speed = GPIO_SPEED_FREQ_LOW;
HAL_GPIO_Init( GPIOA, &GPIO_InitStruct);
}
/* 主程序代码 */
uint16_t q1 =0, q2 =0;        //q1 计数缓冲,q2 显示动态切换
int main( void)
{
HAL_Init( );
SystemClock_Config( );        //Configure the system clock
MX_GPIO_Init( );              //Initialize all configured peripherals
while (1)
{
    switch( q2)
    {
    case 0:                   //测试点阵
        test( );
        q1 ++;
        if( q1 >=2)           //流动两次
        {q1 =0;q2 += 1;}
        break;
    case 1:                   //点阵显示汉字
        test_chinese( );
        q1 ++;
        if( q1 >=600)         //延时
        {q1 =0;q2 = ( q2+1)%2;}
        break;
    }
}
```

【任务小结】

经过程序的调试、编译并下载到 STM32 主控板,在设备上实现使用 74HC595 控制 16×16 LED 点阵,点亮第一列从左到右显示,然后点亮第一行从上到下显示,循环两次,再逐个显示"你""好""啊"3 个字,效果如图 8.5 所示。

图 8.5　实验效果图

【考核评价】

项目内容	评分点	配分/分	自评分值/分
点阵显示控制	主程序流程设计图正确	20	
	程序编写正确	30	
	实物接线正确	20	
	点阵显示效果正确	30	
合　计		100	

【课后作业】

1.实现 16×16 点阵上依次显示你的名字。

2.实现 16×16 点阵上依次显示"重庆××职业技术学院"字样。

项目 9
LCD 显示设计及应用

【项目导读】

应用 Keil 5 程序编写软件、STM32CubeMX 引脚初始化配置,在 STM32F103VBT6 实训开发板上完成 LCD 显示的控制实现。

【项目目标】

● 知识目标:掌握 STM32CubeMX 软件建立项目的步骤,理解 LCD 显示原理及相关库函数。

● 能力目标:会使用 STM32CubeMX 软件建立项目,使用 STM32 主控板设计 LCD 显示控制系统,使用 C 语言编写程序并实现任务要求。

● 素养目标:通过本项目的学习,培养学生精益求精、专注负责的工匠精神。

任务 9.1　应用 LCD12864 显示"重庆××职业技术学院"字样

【任务描述】

应用实训开发板上的编写程序,在 LCD12864 模块上显示"重庆××职业技术学院"字样。

【思政点拨】

LCD 液晶可以显示各种字符和汉字。学生思考如何编写程序显示"中国式现代化"的内容,实现学生在课程中得到新思想的熏陶。

【任务分析】

LCD12864 是一种点阵图形液晶显示模块,如图 9.1 所示,其显示分辨率为 128×64,内置 8 192 个 16×16 点汉字和 128 个 16×8 点 ASCII 字符集。它不仅可以显示 8×4 行 16×16 点阵的汉字和图形,还可以实现屏幕上下左右滚动、动画、闪烁、文本显示等功能。同时 LCD12864 的低电压低功耗优点显著,本任务所使用的嵌入式开发板可以满足它的供电要求,实物图如图 9.2 所示。

LCD12864 工作原理

LCD12864 分串行和并行两种模式。LCD 串行模式(非嵌入式串口)显示的速度较慢,但所需的引脚较少(3 个);LCD 并行模式显示的速度较快,但所需的引脚较多(11 个),如图 9.3 所示。需要完成该任务,首先要理解 LCD12864 显示模块的基本原理、引脚功能、指令系统代码等知识,然后根据原理图,选择并口还是串口编写出程序,然后用软件建立工程实现任务。

图 9.1　LCD12864 结构

图 9.2　LCD12864 实物图

图 9.3　串行模式引脚

【相关知识】

9.1.1　LCD12864 基本介绍

（1）LCD12864 引脚功能表

LCD12864 引脚功能表,见表 9.1,其中第 4 栏和第 5 栏是重点。

表 9.1　引脚功能表

引脚	符号	方向	引脚说明	引脚	符号	方向	引脚说明
1	VSS	—	电源地(0 V)	5	R/W (STD)	I	并行模式:当 R/W 和 E 都为高电平时,数据被读到 DB0 ~ DB7;当 R/W 为低电平,E 从高电平变为低电平,DB0 ~ DB7 的数据被写到 IR 或 DR 寄存器。串行模式:STD 数据信号输入
2	VDD	—	工作电压(+5 V)				
3	V0	—	悬空(LCD 驱动电压输入)				
4	RS (CS)	I	并行模式:RS 为寄存器选择,高电平时选择数据寄存器、低电平时选择指令寄存器。串行模式:CS 片选控制,高有效	6	E(SCLK)	I	并行模式:使能控制,高有效 串行模式:时钟信号输入

引脚	符号	方向	引脚说明	引脚	符号	方向	引脚说明
7	DB0	I/O	数据 0	15	PSB	I	串并模式选择: H:并口通信 L:串口通信
8	DB1	I/O	数据 1				
9	DB2	I/O	数据 2				
10	DB3	I/O	数据 3	16	NC	—	空脚
11	DB4	I/O	数据 4	17	/RST	I	复位控制信号输入,低有效
12	DB5	I/O	数据 5	18	NC	—	空脚
13	DB6	I/O	数据 6	19	LEDA	—	背光源正极(+5 V)
14	DB7	I/O	数据 7	20	LEDK	—	背光源负极(0 V)

（2）内部存储和字模

作为字符显示,在控制器内有供写入字符代码的缓存器 DDRAM（显示数据随机存储器）,只需将要显示的中文字符编码或其他字符编码写入 DDRAM（显示数据）,也就是串行模式下发送一个字节数据,硬件将依照编码自动从 CGROM（2 M 的中文字型 ROM）、HCGROM（16 K 的 ASCII 码 ROM）、CGRAM（自定义字形 RAM）3 种字形中,自动辨别选择对应的是哪种字形的哪个字符/汉字编码,再将要显示的字符/汉字编码显示在屏幕上。也就是说,字符显示是通过将字符显示编码写入字符显示 RAM（DDRAM）实现的,见表9.2。

表9.2　内部存储结构指令表

指令功能	指令编码										执行时间/μs
	RS	R/W	DB7	DB6	DB5	DB4	DB3	DB2	DB1	DB0	
从 CGRAM 或 DDRAM 读出数据	1	1	要读出的数据 D7～D0								40

如果我们使用的是无字库型的 LCD12864,可通过字模软件来实现汉字、字符显示,如图 9.4 所示为字母"A"在字模（纵向取模,高位在下。数据格式:从左到右、从上到下）中的显示方式和中文的"你"在字模中的显示方式。

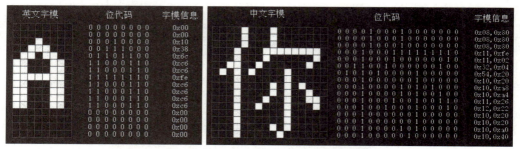

图 9.4　字母"A"和"你"在字模中的显示方式

9.1.2　LCD12864 内部功能

（1）指令寄存器（IR）

IR 是用于寄存指令码,与数据寄存器数据相对应。当 RS＝0 时,在 E 信号下降沿的作用下,指令码写入 IR。

（2）数据寄存器（DR）

DR 是用于寄存数据的,与指令寄存器寄存指令相对应。当 RS＝1 时,在下降沿作用下,图形显示数据写入 DR,或在 E 信号高电平作用下由 DR 读到 DB7 ～ DB0 数据总线。DR 和 DDRAM 之间的数据传输是模块内部自动执行的。

（3）忙标志:BF

BF 标志提供内部工作情况。BF＝1 表示模块在内部操作,此时模块不接受外部指令和数据。BF＝0 时,模块为准备状态,随时可接收外部指令和数据。

（4）显示控制触发器 DFF

此触发器是用于模块屏幕显示开和关的控制。DFF＝1 为开显示（DISPLAY ON ）,DDRAM 的内容就显示在屏幕上,DFF＝0 为关显示（DISPLAY OFF）。

（5）XY 地址计数器

XY 地址计数器是一个 9 位计数器。高 3 位是 X 地址计数器,低 6 位为 Y 地址计数器,XY 地址计数器实际上是作为 DDRAM 的地址指针,X 地址计数器为 DDRAM 的页指针,Y 地址计数器为 DDRAM 的列地址指针。其中,X 地址计数器是没有记数功能的,只能用指令设置,Y 地址计数器具有循环记数功能,各显示数据写入后,Y 地址自动加 1,Y 地址指针从 0 ～ 63。

（6）显示数据 RAM（DDRAM）

DDRAM 是存储图形显示数据的。数据为 1 表示显示选择,数据为 0 表示显示非选择。带字库的 LCD12864 的 DDRAM 地址和显示位置的关系见 DDRAM 地址表如图 9.5 所示。

9.1.3　LCD12864 串行接口及时序

LCD12864 串行时序图,如图 9.6 所示。

当 LCD12864 选择串行时,第 15 引脚 PSB 脚接低电位时,模块将进入串行模式。从一个完整的串行传输时序图流程来看,首先连接第 4 引脚片选的 CS 为高电平,第 6 引脚

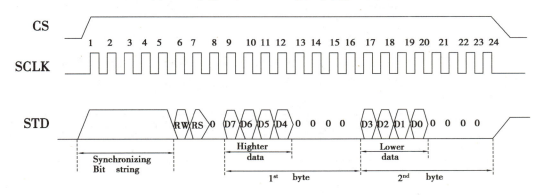

字符显示DDRAM地址与字符显示位置关系

图 9.5 字符显示 DDRAM 地址与字符显示位置

图 9.6 串行时序图

时钟的 SCLK 发脉冲,开始先传输起始字节,它需先接收到 5 个连续的"1"(同步位字符串),在起始字节,此时传输计数将被重置,并且串行传输将被同步,再跟随的两个位字符串分别指定传输方向位(RW)及寄存器选择位(RS),最后第八位则为"0"。在接收到同步位及 RW 和 RS 资料的起始字节后,每一个八位的指令将被分为两个字节接收到:较高 4 位(DB7~DB4)的指令资料将会被放在第一个字节的 LSB(最低有效位)部分,而较低 4 位(DB3~DB0)的指令资料则会被放在第二个字节的 LSB(最低有效位)部分,其他相关的另四位则都为 0。

9.1.4 LCD12864 的指令系统

LCD12864 的指令系统,LCD12864 的指令系统比较简单,总共有 7 个,见表 9.3。其中,RW＝0,RS＝0 可以向 LCD12864 写控制指令;R/W＝0,RS＝1 可以向 LCD12864 写显示数据。

表 9.3 LCD12864 的指令系统

指令名称	控制信号		控制代码							
	R/W	RS	DB7	DB6	DB5	DB4	DB3	DB2	DB1	DB0
显示开关	0	0	0	0	1	1	1	1	1	1/0
显示起始行设置	0	0	1	1	×	×	×	×	×	×
页设置	0	0	1	0	1	1	1	×	×	×
列地址设置	0	0	0	1	×	×	×	×	×	×

续表

指令名称	控制信号		控制代码							
	R/W	RS	DB7	DB6	DB5	DB4	DB3	DB2	DB1	DB0
读状态	1	0	BUSY	0	ON/OFF	RST	0	0	0	0
写数据	0	1	写数据							
读数据	1	1	读数据							

* 注：RW=0,RS=0 可以向 LCD12864 写控制指令；R/W=0,RS=1 可以向 LCD12864 写显示数据。

（1）显示开/关指令（表9.4）

功能：当 DB0=1 时，LCD 显示 RAM 中的内容，即指令 0X3F，开启显示；DB0=0 时，关闭显示[不影响显示 RAM(DD RAM)中的内容]，即指令"0x3E"。

表9.4　显示开/关指令

code:	R/W	RS	DB7	DB6	DB5	DB4	DB3	DB2	DB1	DB0
	0	0	0	0	1	1	1	1	1	1/0

（2）显示起始行（ROW）设置指令

该指令设置了对应液晶屏最上一行的显示 RAM 的行号，有规律地改变显示起始行，见表9.5，可以使 LCD 实现显示滚屏的效果。

功能：该指令设置了对应液晶屏最上一行的显示 RAM 的行号，有规律地改变显示起始行，可以使 LCD 实现显示滚屏的效果，用指令"0xc0+add"表示。

表9.5　显示起始行设置指令

R/W	RS	DB7	DB6	DB5	DB4	DB3	DB2	DB1	DB0
0	0	1	1	显示起始行(0~63)					

（3）页（PAGE）设置指令

显示 RAM 共64行，分8页，每页8行，见表9.6。

功能：显示 RAM 共64行，分8页，每页8行。从 DB3 到 DB7 的值可以看出，用指令"0xb8+add"表示，该指令设置后面续写的页地址，LCD12864 一个字节数据对应纵向8个点，因此页号(add)为0~7。

表9.6　页设置指令

R/W	RS	DB7	DB6	DB5	DB4	DB3	DB2	DB1	DB0
0	0	1	0	1	1	1	页号(0~7)		

（4）列地址（Y Address）设置指令（表9.7）

功能：设置了页地址和列地址，就唯一确定了显示 RAM 中的一个单元，这样 MPU 就可以用读、写指令读出该单元中的内容或向该单元写进一个字节数据。

表 9.7 列地址

R/W	RS	DB7	DB6	DB5	DB4	DB3	DB2	DB1	DB0
0	0	0	1	显示列地址(0~63)					

（5）读状态指令（表9.8）

功能：该指令用来查询液晶显示模块内部控制器的状态。

表 9.8 读状态指令

R/W	RS	DB7	DB6	DB5	DB4	DB3	DB2	DB1	DB0
1	0	BUSY	0	ON/OFF	REST	0	0	0	0

（6）写数据指令（表9.9）

功能：写数据到 DDRAM，DDRAM 是存储图形显示数据的，写指令执行后 Y 地址计数器自动加1。D7~D0 位数据为1，表示显示，数据为0，表示不显示。写数据到 DDRAM 前，要先执行"设置页地址"及"设置列地址"命令。

表 9.9 写数据指令

R/W	RS	DB7	DB6	DB5	DB4	DB3	DB2	DB1	DB0
0	1	D7	D6	D5	D4	D3	D2	D1	D0

（7）读数据指令（表9.10）

功能：读、写数据指令每执行完一次读、写操作，列地址就自动加1。必须注意的是，进行读操作前，必须有一次空读操作，紧接着再读时才会读出所要读的单元中的数据。

表 9.10 读数据指令表

R/W	RS	DB7	DB6	DB5	DB4	DB3	DB2	DB1	DB0

【任务实施】

1）硬件连接

根据前述分析，嵌入式原理接线图如图9.7所示，实物接线图如图9.8所示。

2）软件编程

（1）建立工程

首先使用 STM32CubeMX 建立工程，前面章节中已经详细讲解过，这里不全部列出。

12864 液晶显示模块的应用

①启动 CubeMX 选择"ACCESS TO MCU SELECTOR"，进入目标选择界面。

②在芯片搜索框中输入 STM32F103VBT6，在芯片列表框中双击出现的芯片型号，完成芯片启动。

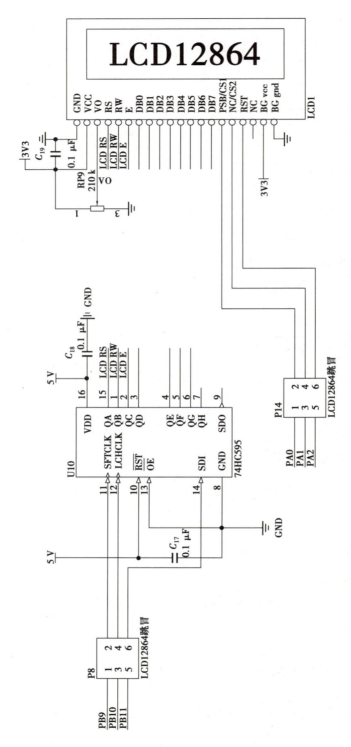

图 9.7　原理接线图

图9.8 实物接线图

③通过 PB9,PB10,PB11 驱动 U10(74hc595),PA0 向 PSB 输出高低电平选择 12864 的显示模式。因此要在 STM32CubeMX 中设置好对应引脚,PB9 作为移位寄存器时钟使用,接入芯片的 PB9 脚,PB10 作为数据锁存器时钟使用接入芯片的 PB10 脚,PB11 作为数据输入线使用,接入芯片的 PB11 脚,如图9.9 所示。

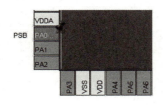  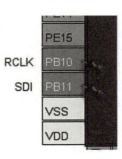

图9.9 引脚配置

(2)主程序流程图

主程序流程图,如图9.10 所示。

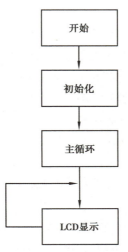

图9.10 主程序流程图

（3）源程序代码

下面是主要程序代码,有些程序代码这里没有列出,其中重要的程序代码都做了注释,类似的程序代码只做一次注释,完整的程序详见教学资源中的程序及实验视频。

①引脚初始化。首先对 A,B,C 口进行使能,再初始化 PA0,PB9,PB10,PB11 的属性,下面具体定义结构体。

```
void MX_GPIO_Init( void)
{
GPIO_InitTypeDef GPIO_Initstruct = {0};
_HAL_RCC_GPIOC_CLK_ENABLE();
_HAL_RCC_GPIOA_CLK_ENABLE();
_HAL_RCC_GPIOB_CLK_ENABLE();
HAL_GPIO_WritePin( PSB_GPIO_Port,PSB_Pin,GPIO_PIN_RESET);
HAL_GPIO_WritePin( GPIOB,RCLK_Pin 1 SDI_Pin 1 SRCLK_Pin,GPIO_PIN_SET);
GPIO_Initstruct. Pin = PSB_Pin;
GPIO_Initstruct. Mode = GPIO_MODE_OUTPUT_PP;
GPIO_Initstruct. Pull = GPIO_NOPULL;
GPIO_Initstruct. Speed = GPIO_SPEED_FREQ_HIGH;
HAL_GPIo_Init ( PSB_GPIO_Port,&GPIO_Initstruct);
GPIO_Initstruct. Pin = RCLK_Pin 1 SDI_Pin 1 SRCLK_Pin;
GPIO_Initstruct. Mode = GPIO_MODE_OUTPUT_PP;
GPIO_Initstruct. Pull = GPIO_NOPUIL;
GPIO_Initstruct. speed = GPIO_SPEED_FREQ_HIGH;
HAL_GPIO_Init ( GPIOB,&GPIO_Initstruct);
}
```

②定义函数及声明变量。

a. 定义 SRCLK_H 为移位寄存器时钟高电平,SRCLK_L 为移位寄存器时钟低电平。

b. 定义 RCLK_H 为数据锁存器时钟高电平,RCLK_L 为数据锁存器时钟低电平。

c. 定义 SDI_H 数据输入高电平,SDI_L 为数据输入低电平。

d. 宏定义写命令 0xF8 为 WRITE_CMD,宏定义写数据命令 0xFA 为 WRITE_DAT。

```
#include_ "main. h"定义引脚高低电平 */
    #define SRCLK_H HAL_GPIo_writePin( SRCLR_GPIO_Port,SRCLK_Pin,GPIO_PIN_
SET)
    #define SRCLK_L HAL_GPIo_writePin( SRCLK_GPIO_Port,SRCLK_Pin,GPIO_PIN_
RESET)
    #define RCLR_H HAL_GPro_writePin( RCLK_GPIO_Port,RCLK_Pin,GPIO_PIN_SET)
    #define RCLR_L HAL_GPIo_writePin( RCLK_GPIO_Port,RCLK_Pin,GPIO_PIN_RE-
SET)
```

```
#define sDr_H HAL_GPIo_writePin(SDR_GPIO_Port,SDR_Pin,GPIO_PIN_SET)
#define sDr_L HAL_GPro_writePin (SDR_GPIO_Port,SDR_Pin,GPIO_PIN_RESET)
#define WRITE_CMD oxf8       //写命令
#define wRITE_DAT OxfA       //写教据
void HC595_GPIOInit (void);
void LCD12864_Send595OneByte(unsigned char dis_data);
void LCD12864_OUT (void);
void send_byte (uint8_t byte);
void lcd12864_Writecmd (uint8_t cmd);
void lcdl2864_writedate (uint8_t dat);void lcdl2864_init (void);
void lcd12864_display_words(uint8_t x,uint8_t y,uint8_t * str);
void lcd12864_clear (void);
void lcd12864_display_picture (uint8_t  * img);
void lcd12864_GPIO_init (void);
void 1cdl2864_dis_err (void);
void delay_ms(uint32_t nms);
void delay_us(uint32_t nms);
```

3) LCD12864 函数讲解

(1)595 驱动函数编写

由于数据传送是用595芯片驱动的,因此要写595驱动函数,通过595发送的数据来驱动LCD12864,实现LCD12864串行显示字符。

/ ** 函数名称:void LCD12864_Send595OneByte (unsigned char dis_ data) **/

/ ** 输入参数:unsigned char dis_ data 需要输入的数据 */

/ ** 函数功能:将数据写进748C595 中/

```
void LCD12864_ Send59SOneByte (unsigned char dis_ data)
{
  unsigned char i;
  unsigned char temp;
  temp = dis_data;
  for (i=0;i<8;i++)       //循环将一个字节的八位依次写入寄存器
  {
    SRCLK_ L;       //SRCLK 低电平
    if( temp&0X80)       //0x80(1000 0000)   只会保留最高位
    {
        SDI_H;       //引脚输出高电平,代表发送1
    }
    else
```

```
        {
            SDI_ L;        //引脚输出低电平,代表发送0
        }
        temp=temp<<1;      //向左移一位
        SRCLK_ L;          //SRCLK 时钟线置低,允许 SID 变化
        SRCLK H;           //SRCLK 拉高时钟,让从机读 SID
    }
}
```

（2）LCD12864 串行模式

这里需要通过时序图来实现从 LCD12864 发送字节到写入命令和数据,实现 LCD12864 的初始化,最后实现 LCD12864 显示汉字和字符。图 9.6 所示为 LCD12864 的串行模式时序图。

从时序可以看出,要想完整的把一个字节的数据传送出去,需要传送 3 次才能实现,也就是需要传送 3 个字节,这 3 个字节分别是:命令控制字,字节的高四位+低四位 0 组成的字节,字节的低四位+高四位 0 组成的字节。

命令控制字:1 1 1 1 1 RW RS 0

RW 代表读还是写液晶,为 0 代表写,为 1 代表读。因为 RS 代表写命令还是数据,为 0 代表写命令,为 1 代表写数据,其余 6 位固定。所以假设要向液晶写数据,就必须先发送 11111010(FA),写命令就发送 11111000(F8)。

（3）LCD12864 串行发送一个字节

通过将 8bit 的字节不断左移到最高位上保留,再将每一位在最高位上通过 8 次循环发送出去,发送出去的字节后三位(从左数)控制的 LCD12864 上的引脚(E,RW,RS)的高低电平,以实现 LCD 串行模式显示。

0	0	0	0	0	E(SCLK)	RW(SDI)	RS

其中,RS 一直拉高,每次发送时,都需将字节的每一位写入内部的 RAM 并从内部的 RAM 进行读取(其中,RW 为高电平时,读数据;RW 为低电平时,写数据)。每一次的读写数据,要将 E 拉低 5 μs 后拉高,实现数据的写入操作。其中,发送的数据 0x07 和 0x03 就是发送的不同指令。

```
void send_ byte（uint8_ t byte）
//LCD12864 串行发送一个字节 RS=1;SDI=RW; SCLK=E
{
    uint8_ t i;
    for(i=0;i<8;i++)
    {
        if（（byte<<i）&0x80)
        {
```

```
        LCD12864_ Send595OneByte (0X07);      //. RW = 1 0000 0111 12864 时序
        LCD12864_ Send595OneByte (0X03);      //E_ L; 00000011 12864 时序
        delay_us(5);
        LCD12864_ Send595OneByte (0X07);      //E_ H;时钟线拉高
    }
    else
    {
        LCD12864_ Send595OneByte (0X05);      //. RW = 0   0000 0101
        LCD12864_ Send595OneByte (0X01);      //. E_ L; 0000 0001
        delay_us(5);
        LCD12864_ Send595OneByte (0X05);      //. E_ H;
    }
  }
}
```

（4）LCD 写指令和写数据

下面是 LCD 的写数据、写命令、引脚初始化函数。其中，LCD 写命令时，要先发送命令控制字（0XF8），这里用 WRITE_CMD 表示；LCD 写数据时，要先发送 0XFA，这里用 WRITE_DAT 表示，之后再将需要发送的命令和数据先将高四位发送、再将低四位移动到高四位上发送的形式发送给 LCD。需要注意的是，通过延时 1 ms 代替 LCD 的正忙检测，没有编写忙检测部分。LCD 中 SID（RW），SCLK（E）初始状态为高电平。

```
void LCD12864_Writecmd(uint8_t cmd)      //LCD 写指令
{
    delay_ms (1);
    end_byte(WRITE_CMD);
    send_byte(0xf0&cmd);
    send_byte(cmd<<4);

}
void LCD12864_WriteData(uint8_t dat)      //LCD 写数据
{
    delay_ms (1);
    send_byte(WRITE_CMD);
    send_byte(0xf0&cmd);
    send_byte(cmd<<4);

}
```

（5）LCD12864 引脚初始化和 LCD12864 初始化

按照时序给 LCD12864 引脚初始化和 LCD12864 初始化。首先给 LCD12864 的 3 个引脚进行初始化（RS,RW,E）,全部初始化为高电平 1。

在 LCD 初始化中,LCD 开电后,需要等待 50 ms（40 ms 以上即可）,等待液晶自检,使 LCD 系统复位完成。之后便是功能的设定,通过写指令函数发送 0x30 选择基本指令集和 8bit 数据流两个功能,随后一共延时等待 1 ms（137 μs 以上）。其次通过发送 0x0c 实现开显示,随后延时 1 ms（100 μs 以上）。在完成开显示屏后,发送命令 0x01 清除显示并设定地址指针为 00 h,达到清屏效果,随后延时 30 ms（10 ms 以上）。最后发送命令 0x06 实现设定游标相对于上一个位置的移位,默认为每次地址自动加 1,完成 LCD 全部初始化。

```
void lcd12864_ GPIO_ init( )        //LCD 引脚初始化
LCD12864_ Send595OneByte（0X07）;
void 1cd12864_ init（void）        //LCD 初始化
{
    delay_ms(50) ;
    lcd12864_writecmd（0x30）;        //功能设定:选择基本指令集,选择 8 bit
    delay_ms(1) ;
    lcd12864_writecmd（0x0c）;        //开显示
    delay_ms(1) ;
    lcd12864_writecmd（0x01）;        //清除显示,并设定地址指针为 00H
    delay_ms (30) ;
    lcd12864_writecmd（0x06）;        //每次地址自动+1,初始化
}
```

（6）显示字符或汉字

下面是显示汉字函数,先用写命令写具体的汉字显示位置坐标,然后用写数据写数组里面具体显示的函数,指针变量每次加 1,表示取数组中的一个汉字。

```
void lcd12864_display_words(uint8_t x,uint8_t y,uint8_t * str)        //LCD 显示字符或汉字
{
    lcd12864_Writecmd(LCD_addr[ x ][ y ]);
    while（ * str>0）
    {
    lcd12864_Writedate（ * str）;
    str++;
    }
}
```

（7）毫秒延时

下面是用系统滴答时钟编写的毫秒延时函数,在编写时只需要传入具体的时间。

```
void delay_ms( uint32_t nms)
{
    //法 2 :没有最大时延限制
    uint32_t i =0;
    SysTick_Config( SystemCoreClock/10000) ;      //1 ms 置位一次
    for( i=0;i<nms;i++)
    {
        while( ! ( SysTick->CTRL&(1<<16) ) ) ;
    }
    SysTick->CTRL& = ~ SysTick_CTRL_ENABLE_Msk ;      //关闭计数器
    //法 1:最大延时为:n ms<=1 864 ms
    uint32_t ms_= SystemCoreClock/1000U ;      //ms 级延时基数
    //uint32_t us_=ms_/1000U ;      //μs 级延时基数
    SysTick->LOAD = ( uint32_t) nms * ms_-1 ;
    //时间加载,SysTick->LOAD 为 24 位寄存器,所以最大延时为:n ms<=1 864 ms
    SysTick->VAL=0X00 ;      //清空计数器
    SysTick->CTRL| =SysTick_CTRL_ ENABLE_Msk ;//开始倒数
}
```

(8)微妙延时

下面是用系统滴答时钟编写的微秒延时函数,在编写时只需要传入具体的时间。

```
void delay_us( uint32_t nus)
{
    //法 2:没有最大时延限制,但是 SystemCoreClock 不能太低,32 M 不行,64 M 或更高可以( 具体临界值没有测量)
    //具体原因应该是频率太低,导致 while 循环中还没有识别到标志位置位,该标志位就被 systick 清除了
    uint32_t i=0;
    SysTick_Config( SystemCoreClock/1000000) ;      //1 μs 置位一次
    for( i=0;i<nus;i++)
    {
        while( ! ( SysTick->CTRL&(1<<16) ) ) ;
    }
    SysTick->CTRL& = ~ SysTick_CTRL_ENABLE_Msk ;      //关闭计数器
    //法 1:最大延时为:n ms<=1 864 135 μs,低频率也可
    uint32_t ms_= SystemCoreClock/1000U ;      //ms 级延时基数
```

```
    uint32_t us_=ms_/1000U;//μs 级延时基数
    SysTick->LOAD=(uint32_t)nus * us_-1;        //时间加载,因为 SysTick->LOAD
为 24 位寄存器,所以最大延时为:n ms<=1 864 135 μs,低频率也可
    SysTick->VAL=0X00;        //清空计数器
    SysTick->CTRL|=SysTick_CTRL_ ENABLE_Msk;        //开始倒数
    while(!(SysTick->CTRL&(1<<16)));
    SysTick->CTRL|=SysTick_CTRL_ ENABLE_Msk;        //开始倒数
    while(!(SysTick->CTRL&(1<<16)));
    SysTick->VAL=0X00;        //清空计数器
}
```

(9)主程序显示汉字

首先来讲显示字符汉字这个函数,是通过用写命令函数来发送地址,写数据函数依次发送数组中的汉字或字符,汉字所占用的行地址需要两个字符占用的行地址,下面是地址:

```
uint8_t LCD_addr[4][8]={{0x80,0x81,0x82, 0x83,0x84,0x85,0x86,0x87},//第一行
                        {0x90,0x91,0x92,0x93,0x94,0x95,0x96,0x97},//第二行
                        {0x88,0x89,0x8A,0x8B,0x8C,0x8D,0x8E,0x8F},//第三行
                        {0x98,0x99,0x9A,0x9B,0x9C,0x9D,0x9E,0x9F}};//第四行
```

最后在主文件 main.c 中,需要先定义数组 xs[ ],里面为我们想要显示的字符"重庆××职业技术",xs2[ ]显示"学院",因为一行只能显示 8 个中文字符,所以"学院"显示在第二行。

```
    uint8_t xs[ ]="重庆××职业技术";        //显示"重庆××职业技术"字样
    uint8_t xs2[ ]="学院";        //显示"学院"字样
```

之后在 int main 函数中先将 595 的初始化配置,LCD 的初始化、引脚初始化先加入,再将 LCD 显示函数调用。

```
    HC595_GPIOInit( );        //74HC595 中 IO 口的初始化配置
    lcd12864_GPIO_init( );        //LCD 引脚初始化
    lcd12864_init( );        //LCD 初始化
    lcd12864_clear( );        //LCD 清屏
    lcd12864_display_words(0,0,xs);        //显示函数
    lcd12864_display_words(1,0,xs2);        //显示函数
```

【任务小结】

将程序编译并下载观察 LCD12864 上是否显示内容,如图 9.11 所示。

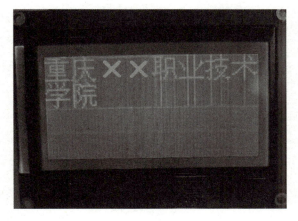

图9.11 实验效果图

【考核评价】

项目内容	评分点	配分/分	自评分值/分
LCD12864 显示	主程序流程设计图正确	20	
	程序编写正确	30	
	实物接线正确	20	
	LCD 显示效果正确	30	
合计		100	

【课后作业】

1.实现在 LCD12864 上显示班级。

2.结合前面所学的内容,使用串口向开发板发送任意数据后,LCD 显示"重庆××职业技术学院"字样。

3.通过本节学习,自行探讨 TIC 4832T035—OIIR 型液晶显示大屏的应用方法,实现在其上显示"重庆××职业技术学院"字样。

LCD 屏显示原理应用软件配置

LCD 屏显示原理应用串口通信

项目 10
OLED 显示设计及应用

【项目导读】

应用 Keil 5 程序编写软件、STM32CubeMX 引脚初始化配置,在 STM32F103VBT6 实训开发板上完成 OLED 显示的控制实现。

【教学目标】

• 知识目标:掌握 STM32CubeMX 软件建立项目的步骤,理解 OLED 显示原理及相关库函数。

• 能力目标:会使用 STM32CubeMX 建立项目,使用 STM32 主控板设计一个 OLED 显示系统,使用 C 语言编写程序并实现任务要求。

• 素养目标:通过本项目的学习,培养学生学习 OLED 原理应用和创新的精神。

任务 10.1 用 OELD 模块显示"重庆××职业技术学院"字样

【任务描述】

应用实训开发板上的编写程序,在 OELD 模块上显示"重庆××职业技术学院"字样。

【思政点拨】

OLED 可以显示各种字符和图形,学生思考如何编写程序显示"乡村振兴"的内容,实现了学生在课程中学习到国家乡村振兴的有关内容。

【任务分析】

OLED 没有字库,自己创建一个 ZIKU.H 文件,通过字模软件将想要显示的字符或汉字转换成由多个 16 进制数组成的 C51 编码,放到这个文件的一个数组中,使用时可直接调用头文件。

【相关知识】

OLED 模块结构和 IIC 总线

10.1.1 IIC 原理

IIC(Inter-Integrated Circuit)即集成电路总线,是由飞利浦半导体公司设计出来的一种简单、双向、二线制、同步串行总线,主要用来连接整体电路,IIC 是一种多向控制总线,也就是说,多个芯片可以连接到同一总线结构下,同时每个芯片都可以作为实时数据传输的控制源。这种方式简化了信号传输总线接口。I^2C 串行总线一般有两根信号线:一根是双向的数据线 SDA;另一根是时钟线 SCL。所有接到 I^2C 总线设备上的串行数据 SDA 都接到总线的 SDA 上,各设备的时钟线 SCL 接到总线的 SCL 上。一个典型的 IIC 接口如图 10.1 所示。

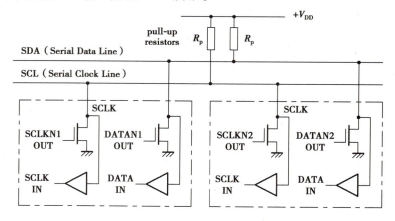

图 10.1　标准模式器件和快速模式器件连接到 IIC 总线

IIC 函数讲解:

```
/*I²C 启动*/
void I²C_Start( )
{
  OLED_GPIO(OLED_CLK,1);
  OLED_GPIO(OLED_SDA,1);
  OLED_GPIO(OLED_SDA,0);
  OLED_GPIO(OLED_CLK,0);
}
/*I²C 停止*/
void IIC_Stop( )
{
  OLED_GPIO(OLED_CLK,1);
  OLED_GPIO(OLED_SDA,0);
  OLED_GPIO(OLED_SDA,1);
}
/*检测应答*/
void IIC_Wat_Ack( )
{
  OLED_GPIO(OLED_CLK,1);
  OLED_GPIO(OLED_CLK,0);
}
  /*I²C 写字节*/
```

```
void Write_IIC_Byte(uint8_t IIC_Byte)
{
    uint8_t i;
    uint8_t m,da;
    da=IIC_Byte;
    OLED_GPIO(OLED_CLK,0);
    for(i=0,i<8,i++);
    {
        m=da;
        m=m&0x80;
        if(m==0x80)
        {
            OLED_GPIO(OLED_SDA,1);
        }
        else
            OLED_GPIO(OLED_SDA,0);
        da=da<<1;
        OLED_GPIO(OLED_CLK,1);
        OLED_GPIO(OLED_CLK,0);
    }
}
```

10.1.2　SPI 原理

SPI(Serial Peripheral Interface)即串行外围接口,总线系统是一种同步串行外设接口,是一种同步串行接口技术,一种高速的、全双工、同步的通信总线,它可以使 MCU 与各种外围设备以串行方式进行通信以交换信息。SPI 总线可直接与各个厂家生产的多种标准外围器件相连,包括 FLASHRAM、网络控制器、LCD 显示驱动器、A/D 转换器和 MCU 等。该接口一般使用 4 条线:串行时钟线(SCLK)、主机输入/从机输出数据线 MISO、主机输出/从机输入数据线 MOSI 和低电平有效的从机选择线 NSS。一个典型的 SPI 接口如图 10.2 所示。

SPI 通信有 4 种不同的模式,不同的从设备可能在出厂时就配置为某种模式,这是不能改变的;但通信双方必须是工作在同一模式下,所以可以对主设备的 SPI 模式进行配置,通过 CPOL(时钟极性)和 CPHA(时钟相位)控制主设备的通信模式,具体如下:

Mode0:CPOL=0,CPHA=0

Mode1:CPOL=0,CPHA=1

Mode2:CPOL=1,CPHA=0

Mode3:CPOL=1,CPHA=1

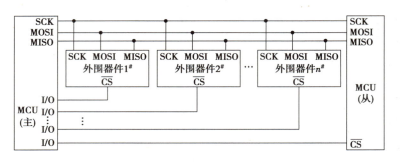

图 10.2　SPI 原理图

时钟极性 CPOL 是用来配置 SCLK 的电平处于哪种状态时是空闲态或有效态,时钟相位 CPHA 用来配置数据采样是在第几个边沿:CPOL＝0,表示当 SCLK＝0 时处于空闲态,所以有效状态就是 SCLK 处于高电平时;CPOL＝1,表示当 SCLK＝1 时处于空闲态,所以有效状态就是 SCLK 处于低电平时;CPHA＝0,表示数据采样是在第 1 个边沿,数据发送在第 2 个边沿;CPHA＝1,表示数据采样是在第 2 个边沿,数据发送在第 1 个边沿。

【任务实施】

1)硬件连接

硬件接线图如图 10.3 所示。

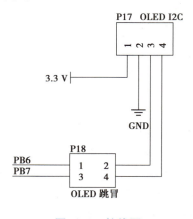

OLED 模块显示
"重庆××职业
技术学院"

图 10.3　接线图

2)软件编程

(1)建立工程

首先使用 STM32CubeMX 建立工程,前面章节中已经详细讲解过,这里不全部列出。

①启动 CubeMX,选择"ACCESS TO MCU SELECTOR",进入目标选择界面。

②在芯片搜索框中输入 STM32F103VBT6,在芯片列表框中双击出现的芯片型号,完成启动芯片。

③根据电路图将 SCL 连接到开发板的 PB6,SDA 连接到 PB7,在 STM32CubeMX 中设置好对应的引脚。同时也需要在开发板的 P18 处插上跳帽。之后再生成相应的代码。

在这里不用将 PB6,PB7 设置成 IIC 模式,只需设置成推挽输出即可。为了简化代码量,可以将两引脚输出的电平用函数实现简化,如图 10.4 所示。

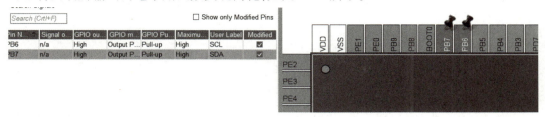

图 10.4　设置对应引脚

（2）主程序流程图

主程序流程图,如图 10.5 所示。

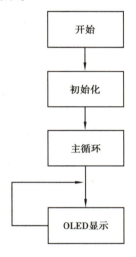

图 10.5　主程序流程图

（3）源程序代码

①参数配置。

该函数有 2 个参数:一个是表示命令还是数据;另一个是表示具体传输的数据值。判断第一个参数如果是命令,然后再判断传入的数据是 1 还是 0,将函数中对应的位设置为 1 或者 0。

```
void OLED_GPIO ( uint8_tadd , uint8_t date )
{
    if ( add = =O )
    {
      if( date = =1 ) HAL_GPIO_WritePin( GPIOB,GPIO_PIN_7,GPIO_PIN_SET ) ;
      else if( date = =0 ) HAL_GPIO_WritePin( GPIOB,GPIO_PIN_7,GPIO_PIN_RESET ) ;
    }
    else if ( add = =l )
    {
```

```
        if ( date = =1) HAL_GPIO_WritePin ( GPIOB, GPIO_PIN_6, GPIo_PIN_SET ) ;
        else if( date = =0) HAL_GPIO_WritePin ( GPIOB, GPIO_PIN_6, GPIO_PIN_RESET ) ;
    }
}
```

②OLED 显示屏。

OLED 显示屏的一些指令,在实训中 OLED 显示屏采用 SSD1306 驱动 IC,SSD1306 的指令非常多,一般只学习常用的即可。

第一个命令为 0x81:用于设置对比度值,这个命令包含了两个字节,第一个 0x81 为命令,随后发送的一个字节为要设置的对比度值。这个值设置得越大屏幕就越亮。

第二个命令为 0xAE/0xAF:0xAE 为关闭显示命令;0xAF 为开启显示命令。

第三个命令为 0x8D:该指令也包含 2 个字节,第一个为命令字,第二个为设置值,第二个字节的 BIT2 表示电荷泵的开关状态,该位为 1,则开启电荷泵,为 0 则关闭。在模块初始化时,这个必须要开启,否则是看不到屏幕显示的。

第四个命令为 0xB0 ~ B7:该命令用于设置页地址,其低三位的值对应 GRAM 的页地址。

第五个指令为 0x00 ~ 0x0F:该指令用于设置显示时的起始列地址低四位。

第六个指令为 0x10 ~ 0x1F:该指令用于设置显示时的起始列地址高四位。

③命令和数据函数。

这两个函数中用到的 IIC 起始、停止、应答等函数在上一节已经讲过。OLED 的写命令和写数据需要有 IIC 起始信号,之后再发送 OLED 写数据、写命令的 I^2C 地址,检测应答,之后再发送 OLED 指令 0x00 或 OLED 数据(0x40),检测应答,最后发送 OLED_CMD (0)或 OLED_DATA(1),检测应答,最后 IIC 发送终止信号,实现写 OLED 的写命令、写数据功能。

```
voidwrite_IIC_Command ( uint8_t IIc_command )     //与命令
{
    IIc_start ( );
    write_IIC_Byte ( 0x78 );   //OLED 的 I²C 地址( 禁止修改) IIC_wait_Ack ( );
    write_IIC_Byte ( 0x00 );   //OLED 指令( 禁止修改)
    IIC_wait_Ack ( );
    write_IIC_Byte( IIC_Command ) ;
    IIc_wait_Ack ( );
    IIc_stop ( );
}
/ ***********************************************/
/ *                 IIC write Data                    */
/ ***********************************************/
void write_IIC_Data ( uint8_t IIC_Data )    //写数据
{
```

```
    IIc_start();
    write_IIC_Byte(0x78);      //OLED 的 I²C 地址(禁止修改)
    IIC_wait_Ack();
    write_IIC_Byte (0x40);      //OLED 数据(禁止修改)
    IIC_wait_Ack();
    write_IIC_Byte(IIC_Data);
    IIC_wait_Ack();
    IIC_stop();
}
```

OLED_WR_Byte()实现同时发送数据和命令。判断该函数的第二个参数是命令还是数据,然后数据和写命令。

```
void OLED_WR_Byte(uint8_t dat, uint8_t cmd)
{
    if (cmd)
    {
        write_IIC_Data (dat);
    }
    else
    {
        write_IIC_Command (dat);
    }
}
```

④OLED 初始化。

OLED 初始化列举了常用的39 个函数,具体功能都列出了详细的说明,OLED 初始化时相比 LCD,OLED 做得更多、更完全,包括之前讲述的常用命令。

```
void OLED_Init(void)
{
    OLED_WR_Byte(0xAE, OLED_CMD);     //关显示
    OLED_WR_Byte(0x00, OLED_CMD);     //设置显示位置——列低地址
    OLED_WR_Byte(0x10, OLED_CMD);     //设置显示位置——列高地址
    OLED_WR_Byte(0x40, OLED_CMD);     //设置起始行数
    OLED_WR_Byte(0xB0, OLED_CMD);     //设置页地址
    OLED_WR_Byte(0x81, OLED_CMD);     //对比度设置
    OLED_WR_Byte(0xFF, OLED_CMD);
    //对比度设置(值为00～FF,数值越大显示越亮)——128
    OLED_WR_Byte(0xA1, OLED_CMD);     //段重定义设置
    OLED_WR_Byte(0xA6, OLED_CMD);
    //设置显示方式:bit 0 为 1 时反相显示,为 0 时正常显示
```

```
        OLED_WR_Byte(0xA8,OLED_CMD);        //设置驱动路数,路数为 1～64
        OLED_WR_Byte(0x3F,OLED_CMD);        //1/32 duty 驱动路数占空比
        OLED_WR_Byte(0xC8,OLED_CMD);        //端口扫描方向
        OLED_WR_Byte(0xD3,OLED_CMD);        //设置显示偏移
        OLED_WR_Byte(0x00,OLED_CMD);        //设置显示位置——列低地址
        OLED_WR_Byte(0xD5,OLED_CMD);        //设置内存寻址模式
        OLED_WR_Byte(0x80,OLED_CMD);        //分频因子

        OLED_WR_Byte(0xD8,OLED_CMD);        //关闭区域显示模式
        OLED_WR_Byte(0x05,OLED_CMD);        //设置低位起始点阵寄存器

        OLED_WR_Byte(0xD9,OLED_CMD);        //设置预充电周期
        OLED_WR_Byte(0xF1,OLED_CMD);        //3～0 位为第一阶段;7～4 位为第二
                                            阶段

        OLED_WR_Byte(0xDA,OLED_CMD);        //设置 COM 硬件引脚配管
        OLED_WR_Byte(0x12,OLED_CMD);        //引脚配置

        OLED_WR_Byte(0xDB,OLED_CMD);        //设置 VCOMH 电压倍率
        OLED_WR_Byte(0x30,OLED_CMD);        //E～4 位 011 表示 0.83 乘 VCC;

        OLED_WR_Byte(0x8D,OLED_CMD);        //电荷泵设置
        OLED_WR_Byte(0x14,OLED_CMD);        //开启电荷泵

        OLED_WR_Byte(0xAF,OLED_CMD);        //显示开

        OLED_Display_On();
        OLED_Clear();
    }
```

通过用 OLED_WR_Byte()发送命令、数据设置页地址和显示位置的地址,实现 OLED 清屏,共 8 页和 128 列清屏,相当于给对应位写 0,效果像没通电一样。

```
    //清屏函数,清完屏,整个屏幕是黑色的! 和没点亮一样!!!
    void OLED_Clear(void)
    {
        uint8_t i,n;
        for(i=0;i<8;i++)
        {
        OLED_WR_Byte (0xb0+i,OLED_CMD);    //设置页地址(0～7)
```

```
OLED_WR_Byte (0x00,OLED_CMD);        //设置显示位置——列低地址
OLED_WR_Byte (0x10,OLED_CMD);        //设置显示位置——列高地址
for(n=0;n<128; n++) OLED_WR_Byte(0,OLED_DATA);
}//更新显示
}
```

要实现 OLED 显示汉字用 OLED_ShowCHinese( )函数实现。参数 X、Y 为坐标,参数 no 为字库中的模,先用 OLED_Set_Pos( )发送每个字显示的坐标位置,之后再用两个 for 循环将一个汉字字模的 32 个字节经过命令、数据函数发送到 OLED 上,实现点阵 16×16 大小的汉字显示,使用 OLED 显示模块,一行能显示 8 个汉字,一共能显示 4 行。

```
void OLED_ShowCHinese (uint8_ t x, uint8_ t y, uint8_ t no)
{
    uint8_t t,adder=0;
    OLED_set_Pos(x,y);        //显示坐标位置
    for(t=0;t<16;t++)
    {
        OLED_WR_Byte (Hzk[2 * no] [t], OLED_ DATA);
        adder+=1;
    }
    OLED_set_Pos(x,y+1);        //坐标
    for(t=0;t<16;t++)
    {
        OLED_WR_Byte (Hzk [2 * no+1] [t] ,OLED_DATA);
        adder+=1 ;
    }
}
```

最后在主函数文件中调用 OLED 和字库(ZIKU)的头文件,将 OLED 的引脚初始化、初始化加入主函数 main. c 中。先显示一幅图 2 s 后,再对 OLED 清屏,然后用 OLED_ ShowCHinese( )函数实现 OLED 显示"重庆××职业技术学院"。

```
OLED_GPIO_ Init( );        //端口初始化
OLED_Init0);        //OLED 初始化
OLED_DravBMP(0, 0,128,8, BMP):        //显示图片
HAL_ Delay(2000);        //显示延时
OLED_ Clear( );        //清除
OLED_ShowCHinese(16 * 0,0,0);        //重庆××职业技术学院
OLED_ShowCHinese(16 * 1,0,1):
OLED_ShowCHinese (16 * 2,0,2);
OLED_ShowCHinese (16 * 3,0,3);
OLED_ShowCHinese (16 * 4,0,4):
```

OLED_ShowCHinese（16＊5,0,5）;
OLED_ShowCHinese（16＊6,0,6）;
OLED_ShowCHinese（16＊7,0,7）;
OLED_ShowCHinese（16＊3,3,8）;
OLED_ShowCHinese（16＊4,3,9）;

【任务小结】

最后同学们编译并将程序下载到连接 OLED 模块的开发板上看效果。看是否与图 10.6 效果一致。

图 10.6　实验效果图

【考核评价】

项目内容	评分点	配分/分	自评分值/分
OLED 显示	主程序流程图正确	20	
	程序编写正确	30	
	实物接线正确	20	
	OLED 显示效果正确	30	
合计		100	

【课后作业】

1. 使用 OLED 相关命令,实现液晶屏的字符反白显示"重庆××职业技术学院"。
2. 使用 OLED 相关命令,反白显示自己的名字。
3. 通过本节学习如何实验基于 IIC 的 AT24C02 芯片读写程序编写?

项目 11
摇杆模块设计及
应用

【项目导读】

应用 Keil 5 程序编写软件、STM32CubeMX 引脚初始化配置,在 STM32F103VBT6 实训开发板上完成摇杆的控制实现。

【教学目标】

● 知识目标:掌握 STM32CubeMX 软件建立项目的步骤,理解摇杆原理及相关库函数。

● 能力目标:会使用 STM32CubeMX 建立项目,使用 STM32 主控板设计一个摇杆系统,使用 C 语言编写程序并实现任务要求。

● 素养目标:通过本项目的学习,培养学生精益求精、专心负责的工匠精神。

任务 11.1 基于模数的摇杆输入模块应用

【任务描述】

应用 STM32F103VBT6 主控板,拨动摇杆模块向 x 和 y 方向移动,OLED 显示屏显示 x 和 y 的数值。

【思政点拨】

通过本节知识的学习,学生思考如何设计一款应用遥感控制电机运行系统。

师生共同思考:在国产化产品设计中如何引用该知识点。

【任务分析】

要完成该任务,需要理解摇杆的移动原理,摇杆是电位器组成的,左右、前后各一个,还有一个上下开关(按键)。具有(X,Y)2 轴模拟输出,(Z)1 路按钮数字输出。可制作遥控器等互动作品。SW 引脚按下去时输出低电平;反之,输出高电平。电位器的数据,只能是 ADC 读取,左右、前后两个电位器,不调节时,摇杆都处于电位器的中间位置,例如,左右,若调节到最左是零,则调节到最右就是最大。实物图如图 11.1 所示。

【相关知识】

11.1.1 数码转换简介

将模拟信号转换成数字信号的电路称为模数转换器(简称 A/D 转换器或 ADC)。模数转换的作用是将时间连续、幅值也连续的模拟量转换为时间离散、幅值也离散的数字信号,即将模拟信号转换成数字信号。

图 11.1　摇杆

模数转换一般要经过取样、保持、量化及编码 4 个过程。在实际电路中,这些过程有的是合并进行的,例如,取样和保持、量化和编码往往都是在转换过程中同时实现的。

11.1.2　ADC 简介

ADC 是 Analog-to-Digital Converter 的缩写。模拟数字转换器将模拟信号转换为表示一定比例电压值的数字信号,如图 11.2 所示。

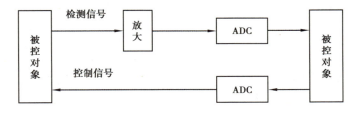

图 11.2　ADC 基本原理

AD 转换

1)电压输入范围

ADC 所能测量的电压范围就是 $VREF_- \leqslant VIN \leqslant VREF_+$,把 VSSA 和 $VREF_-$ 接地,把 $VREF_+$ 和 VDDA 接 3V3,得到 ADC 的输入电压范围为 0 ~ 3.3 V。

2)输入通道

ADC 的信号输入就是通过通道来实现的,信号通过通道输入单片机中,单片机经过转换后,将模拟信号输出为数字信号。STM32 中的 ADC 有 18 个通道,其中,外部有 16 个通道。这 16 个通道对应不同的 I/O 口,此外,ADC1,ADC2,ADC3 还有内部通道:ADC1 的通道 16 连接到芯片内部的温度传感器,Vrefint 连接到通道 17。ADC2 的模拟通道 16 和 17 连接到内部的 V_{ss},见表 11.1。

外部的 16 个通道在转换时又分为规则通道和注入通道,其中,规则通道最多有 16 路,注入通道最多有 4 路。

规则通道:最平常的通道、最常用的通道。通常 ADC 转换都是用规则通道实现的。

注入通道:相对于规则通道,注入通道可以在规则通道转换时,强行插入转换,相当于一个"中断通道"。当有注入通道需要转换时,规则通道的转换会停止,优先执行注入通道的转换,当注入通道的转换执行完毕后,再回到之前的规则通道进行转换。

表 11.1　通道对应相应 I/O 接口

ADC1	I/O	ADC2	I/O	ADC3	I/O
通道 0	PA0	通道 0	PA0	通道 0	PA0
通道 1	PA1	通道 1	PA1	通道 1	PA1
通道 2	PA2	通道 2	PA2	通道 2	PA2
通道 3	PA3	通道 3	PA3	通道 3	PA3
通道 4	PA4	通道 4	PA4	通道 4	没有通道 4
通道 5	PA5	通道 5	PA5	通道 5	没有通道 5
通道 6	PA6	通道 6	PA6	通道 6	没有通道 6
通道 7	PA7	通道 7	PA7	通道 7	没有通道 7
通道 8	PB0	通道 8	PB0	通道 8	没有通道 8
通道 9	PB1	通道 9	PB1	通道 9	连接内部 VSS
通道 10	PC0	通道 10	PC0	通道 10	PC0
通道 11	PC1	通道 11	PC1	通道 11	PC1
通道 12	PC2	通道 12	PC2	通道 12	PC2
通道 13	PC3	通道 13	PC3	通道 13	PC3
通道 14	PC4	通道 14	PC4	通道 14	连接内部 VSS
通道 15	PC5	通道 15	PC5	通道 15	连接内部 VSS
通道 16	连接内部温度传感器	通道 16	连接内部 VSS	通道 16	连接内部 VSS
通道 17	连接内部 Vrefint	通道 17	连接内部 VSS	通道 17	连接内部 VSS

3）中断

数据转换完成后可以产生中断,有以下 3 种情况:

①规则通道转换完成中断:规则通道数据转换完成后,可以产生一个中断,也可以在中断函数中读取规则数据寄存器的值。这也是单通道时读取数据的一种方法。

②注入通道转换完成中断:注入通道数据转换完成后,可以产生一个中断,也可以在中断中读取注入数据寄存器的值,从而达到读取数据的作用。

③模拟看门狗事件:当输入的模拟量(电压)不在阈值范围内就会产生看门狗事件,用来监视输入的模拟量是否正常。

4）电压转换

转换后的数据是一个 12 位的二进制数,需要把这个二进制数代表的模拟量(电压)用数字表示出来。例如,测量的电压范围是 0～3.3 V,转换后的二进制数是 x,因为 12 位

ADC 在转换时将电压的范围大小(也就是 3.3)分为 4096(2^12)份,所以转换后的二进制数 x 代表的真实电压的计算方法就是:y=3.3×x/4096。

11.1.3 ADC 函数与初始化结构体

(1)ADC 初始化结构体 ADC_InitTypeDef 的定义

```
typedef struct
{
    uint32_t DataAlign;                 //对齐模式
    uint32_t ScanConvMode;              //扫描模式
    uint32_t ContinuousConvMode;        //连续转换模式
    uint32_t NbrOfConversion;           //转化的通道数目
    uint32_t DiscontinuousConvMode;     //正则组的转换序列是否在全序/不连续序
    uint32_t NbrOfDiscConversion;
    //主序列的不连续转换的次数 regular group 将被细分
    uint32_t ExternalTrigConv;          //外部触发转换选择
    } ADC_InitTypeDef;
```

(2)函数的概括及功能

函数的概括及功能,见表 11.2。

表 11.2　函数的概括及功能

函数	功能
HAL_ADC_Init( )	根据结构"ADC_InitTvpeDef"中指定的参数初始化 ADC 外围和常规组
HAL_ADC_DeInit( )	通过对 ADC MSP 的初始化,将 ADC 外围寄存器初始化为它们的默认重置值
HAL_ADC_MspInit( )	初始化 ADC MSP
HAL_ADC_MspDeInit( )	重置 ADC MSP
HAL_ADC_Start( )	启用 ADC,开始常规组转换
HAL_ADC_Stop( )	停止常规组 ADC 转换(自动注入模式下停止注入通道),关闭 ADC 外设
HAL_ADC_PollForConversion( )	等待规则组转换完成
HAL_ADC_PollForEvent( )	转换事件轮询
HAL_ADC_Start_IT( )	启用 ADC,开始有中断的常规组转换
HAL_ADC_Stop_IT( )	停止常规组(自动注入组和注入组)的 ADC 转换,禁用转换结束中断,禁用 ADC 外设
HAL_ADC_Start_DMA( )	启用 ADC,开始常规组转换,并通过 DMA 传输结果

续表

函数	功能
HAL_ADC_Stop_DMA( )	停止常规组(自动注入组和注入组)的 ADC 转换,禁用 ADC DMA 传输。禁用 ADC 外围
HAL_ADC_GetValue( )	得到 ADC 常规组转换结果
HAL_ADC_IRQHandler( )	处理 ADC 中断请求
HAL_ADC_ConvCpltCallback( )	转换完成,回调在非阻塞模式
HAL_ADC_ConvHalfCpltCallback( )	在非阻塞模式下转换 DMA 半转移回调
HAL_ADC_LevelOutOfWindowCallback( )	模拟看门狗回叫在非阻塞模式
HAL_ADC_ErrorCallback( )	非阻塞模式下的 ADC 错误回调(带有中断或 DMA 传输的 ADC 转换)
HAL_ADC_ConfigChannel( )	配置要链接到正规组的所选通道
HAL_ADC_AnalogWDGConfig( )	配置模拟看门狗
HAL_ADC_GetState( )	返回 ADC 状态
HAL_ADC_GetError( )	返回 ADC 错误码

11.1.4 摇杆

摇杆其实是由电位器组成的,左右、前后各一个,还有一个上下开关(按键)。具有(X,Y)2 轴模拟输出,(Z)1 路按钮数字输出。可制作遥控器等互动作品。SW 引脚按下去时输出低电平;反之,输出高电平。电位器的数据,只能是 ADC 读取,左右、前后两个电位器,不调节时,摇杆都处于电位器的中间位置,例如,左右,若调节到最左是零,则调节到最右即最大。实物如图 11.3 所示。

图 11.3 摇杆实物图

【任务实施】

1）硬件连接

摇杆模块的 1 和 2 引脚接地和电源,这里 VRx 连接 PA0,VRy 连接 PA1。通过移动摇杆产生模拟信号,将产生的模拟信号变为数字信号,因此,PA0 和 PA1 设为 ADC1 的 IN0 通道和 IN1 通道,如图 11.4 所示。

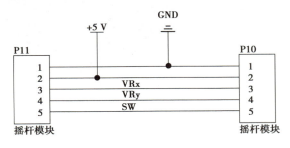

图 11.4　遥杆模块原理图

遥杆数字编码的应用

2）软件编程

（1）建立工程

首先使用 STM32CubeMX 建立工程,前面章节中已经详细讲解过,这里不全部列出。

①启动 CubeMX,选择"ACCESS TO MCU SELECTOR",进入目标选择界面。

②在芯片搜索框中输入 STM32F103VBT6,在芯片列表框中双击出现的芯片型号,完成启动芯片。

③STM32CubeMX 设置。

打开 STM32CubeMX,单击 PB6,PB7 设为输出引脚,显示 OLED 屏。PB6 备注 SCL,PB7 备注 SDA,如图 11.5 所示。

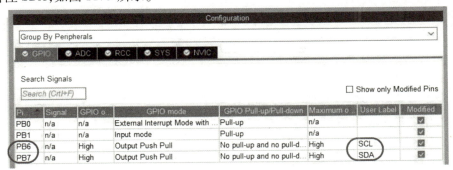

图 11.5　引脚接口

单击 ADC1,勾选 IN0 通道和 IN1 通道,输入模拟信号。单击"DMA 设置"界面,Add 添加 DMA,方向（Direction）选择 ADC1,方式（mode）选择循环模式,可以自己主动采集,如图 11.6 所示。

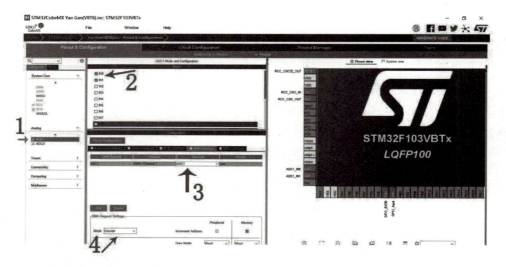

图 11.6　引脚设置

ADC1 参数配置：

①先设置规则，转换通道的转换通道数为 2，"Scan Conversion Mode"扫描模式自动 Enable。

②Rank 1 设置为 Channel 0，Sampling Time 设置为 1.5，Cycles. Rank 2，设置为 Channel 为 1，Sampling Time 设置为 1.5。

③根据需要使能"Continuous Conversion Mode"连续模式，开启后自动转换，不需要转换后再次开启。此次开启该功能。

最后配置完时钟就可以生成代码了，如图 11.7 所示。

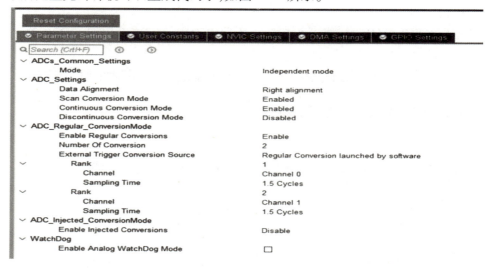

图 11.7　ADCI 参数配置

（2）主程序流程图

主程序流程图，如图 11.8 所示。

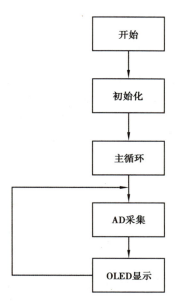

图 11.8 主程序流程图

（3）源程序代码

ADC 初始值状态，在 ADC1 配置中设置完成后就不需要改动了。

```
void NMx_ADC1_Init (void)
{
    ADC_Channel1confTypeDef sconfig = {O};
    /*  * Common config */
    hadci. Instance = ADC1;
    hadc1. Init. ScanConvMode = ADC_SCAN_ENABLE;
    hadci. Init. ContinuousConvode = ENABLE;
    hadc1. Init. DiscontinuousConvMode = DISABLE;
    hadcl. Init. ExternalTrigconv = ADC_SOFTWARE_START;
    hadcl. Init. DataAlign = ADC_DATAALIGN_RIGHT;
    hadci. Init. Nbrofconversion = 2;
    if( HAL_ADC_Init( &hadc1 ) ! = HAL_OK)
    {
        Error_Handler( );
    }
    /* * Configure Regular Channel */
    sconfig. Channel = ADC_CHANNEL_0;
    sConfig. Rank = ADC_REGULAR_RANK_l;
    sconfig. SamplingTime = ADC_SAMPLETIME_1CYCLE_5;
    if( HAL_ADc_ConfigChannel( &hadcl ,&sConfig) ! = HAL_OK)
    {
```

```
        Error_Handler();
    }
    / * * Configure Regular Channel * /
    sconfig. Channel = ADC_CHANNEL_1;
    sconfig. Rank = ADC_REGULAR_RANK_2;
    if( HAL_ADC_ConfigChannel( &hadci, &sConfig)! = HAL_OK)
    {
        Error_Handler();
    }
}
/ * ADC 回调函数 * /
void HAL_ADC_ConvCpltCallback( ADC_HandleTypeDef * hadc)
{
    HAL_ADC_Stop_DMA( &hadc1);
}
uint32_t aResultDMA[2];        //摇杆 X 轴量
int8_t Disp_buff_L[16];        //摇杆 Y 轴量
int main( void)
{
    HAL_Init();
    SystemClock_Config();
    MX_GPIO_Init();
    MX_DMA_Init();
    MX_ADC1_Init();
    OLED_GPIO_Init();       //OLED 端口初始化
    OLED_Init();            //OLED 初始化
    HAL_Delay(100);
    OLED_Clear();           //清除
    while (1)
    {
        HAL_ADC_Start_DMA( &hadc1, aResultDMA, 2);
        //显示摇杆的 X 轴量,Y 轴量
        sprintf(( char * )Disp_buff_L,"X:%4d   Y:%4",
            aResultDMA[0], aResultDMA[1]);
        OLED_ShowString(16 * 0,6,( uint8_t * )Disp_buff_L,16);
        HAL_Delay(1000);
    }
}
```

【任务小结】

同学们编译并将程序下载到连接 OLED 模块的开发板上看效果,看是否与图11.9效果一致。

图11.9 实验效果图

【考核评价】

项目内容	评分点	配分/分	自评分值/分
摇杆控制	主程序流程图正确	20	
	程序编写正确	30	
	实物接线正确	20	
	摇杆效果正确	30	
合计		100	

【课后作业】

1.控制摇杆向左移动后,LED 灯亮起。

2.控制摇杆向右移动后,LCD 屏幕显示"重庆××职业技术学院"。

项目 12
步进电机设计及应用

【项目导读】

应用 Keil 5 程序编写软件、STM32CubeMX 引脚初始化配置,在 STM32F103VBT6 实训开发板上完成步进电机的控制实现。

【教学目标】

• 知识目标:掌握 STM32CubeMX 软件建立项目的步骤,理解步进电机原理及相关库函数。

• 能力目标:会使用 STM32CubeMX 建立项目,使用 STM32 主控板设计一个步进电机控制系统,使用 C 语言编写程序并实现任务要求。

• 素养目标:通过本项目的学习,培养学生爱国敬业的责任和担当,以及安全规范的职业准则。

任务 12.1　步进电机转向控制

【任务描述】

应用实训开发板编写程序,控制步进电机正向旋转一圈后再逆向旋转一圈,依次交换旋转。

【思政点拨】

学习步进电机的原理及应用,思考如何编写程序控制电机的转移角度带动其他设备运行。

师生共同思考:学习本节知识如何为当前科学仪器国产化作出应有的贡献。

【任务分析】

本任务使用 ULN2003 驱动芯片控制 step motor 28BYJ-48 步进电机正反转。单极性步进电机:不改变绕组电流的方向,只是对几个绕组依次循环通电,比如说四相电机,有 4 个绕组,分别为 ABCD,有两种运行方式:一是 AB—BC—CD—DA—AB—;二是 AB—B—BC—C—CD—D—DA—A—AB—。

(注:AB 意为 AB 两个绕组同时通电,类似者同)

本控制采用第二种运行方式,4 相 8 拍的控制方式控制电机,$\phi=360/(50\times8)=0.9°$(半步),即

A — AB — B — BC — C — CD — D — AD

0001—0011—0010—0110—0100—1100—1000—1001

分别给电机控制线一个低电平信号,从而控制正向旋转,顺序反之就反转。注意每个动作均需要一个延时。

【相关知识】

12.1.1 步进电机介绍

①什么是步进电机?

步进电机是一种将电脉冲转化为角位移的执行机构。通俗地讲:当步进驱动器接收到一个脉冲信号时,它就驱动步进电机按设定的方向转动一个固定的角度(及步进角)。通过控制脉冲个来控制角位移量,从而达到准确定位的目的;同时可以通过控制脉冲频率来控制电机转动的速度和加速度,从而达到调速的目的。

②步进电机分哪几种?

步进电机分永磁式(PM)、反应式(VR)和混合式(HB)3种。

永磁式步进一般为两相,转矩和体积较小,步进角一般为7.5°或15°。反应式步进一般为三相,可实现大转矩输出,步进角一般为1.5°,但噪声和振动都很大。在欧美等发达国家20世纪80年代就已被淘汰。混合式步进是指混合了永磁式和反应式的优点,又分为两相和五相:两相步进角一般为1.8°,而五相步进角一般为0.72°。这种步进电机的应用最为广泛。

步进电机28BYJ48型四相八拍电机,电压为DC 5 V ~ DC 12 V。当对步进电机施加一系列连续不断的控制脉冲时,它可以连续不断地转动。每个脉冲信号对应步进电机的某一相或两相绕组的通电状态改变一次,也就是对应的转子转过一定的角度(一个步距角)。当通电状态的改变完成一个循环时,转子转过一个齿距。四相步进电机可以在不同的通电方式下运行,常见的通电方式有单(单相绕组通电)四拍(A—B—C—D—A……)、双(双相绕组通电)四拍(AB—BC—CD—DA—AB—……)、八拍(A—AB—B—BC—C—CD—D—DA—A……)。

③步进电机精度为多少?是否累积?

一般步进电机的精度为步进角的3% ~5%且不累积。

④步进电机的外表温度允许达到多少?

步进电机温度过高首先会使电机的磁性材料退磁,从而导致力矩下降乃至于失步,因此电机外表允许的最高温度应取决于不同电机磁性材料的退磁点。一般来讲,因为磁性材料的退磁点都在130 ℃以上,有的甚至高达200 ℃以上,所以步进电机外表温度在80 ~90 ℃完全正常。

⑤细分驱动器的细分数是否能代表精度?

步进电机的细分技术实质上是一种电子阻尼技术(请参考有关文献),其主要目的是减弱或消除步进电机的低频振动,提高电机的运转精度只是细分技术的一个附带功能。例如,对步进角为1.8°的两相混合式步进电机,如果细分驱动器的细分数设置为4,那么电机的运转分辨率为每个脉冲0.45°,电机的精度能否达到或接近0.45°,还取决于细分驱动器的细分电流控制精度等因素。不同厂家的细分驱动器精度可能差别很大;细分数越大精度越难控制。

⑥怎样用简单的方法调整两相步进电机通电后的转动方向?

只需将电机与驱动器接线的 A_+ 和 A_-(或者 B_+ 和 B_-)对调即可。

【任务实施】

1)硬件连接

原理接线图如图 12.1 所示。

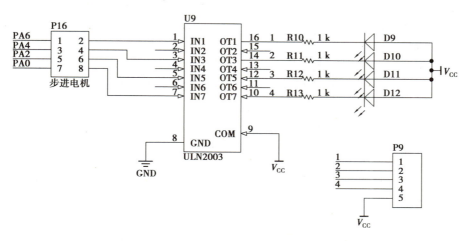

图 12.1 原理接线图

2)软件编程

(1)建立工程

首先使用 STM32CubeMX 建立工程,前面章节中已经详细讲解过,这里不全部列出。

①启动 CubeMX,选择"ACCESS TO MCU SELECTOR",进入目标选择界面。

②在芯片搜索框中输入 STM32F103VBT6,在芯片列表框中双击出现的芯片型号,完成启动芯片。

(2)主程序流程图

主程序流程图,如图 12.2 所示。

(3)源程序代码

下面是主要程序代码,有些程序代码这里没有列出,其中重要的程序代码都做了注释,类似的程序代码只做一次注释,完整的程序详见教学资源中的程序及实验视频。

```
/*主函数代码*/
int main(void)
{
HAL_Init();
SystemClock_Config();    //配置系统时钟
```

MX_GPIO_Init();   //初始化所有配置的外围设备

uint8_t step=0,t0=0,zf=0;   //步位,计数缓冲,正反转

uint16_t du=0;   //度数

while (1)

{

　if(step==1)

　{

　//0001

　HAL_GPIO_WritePin(GPIOA, PA0_Pin, GPIO_PIN_RESET);

　HAL_GPIO_WritePin(GPIOA,PA2_Pin|PA4_Pin|PA6_Pin,GPIO_PIN_RESET);

　HAL_Delay(1);

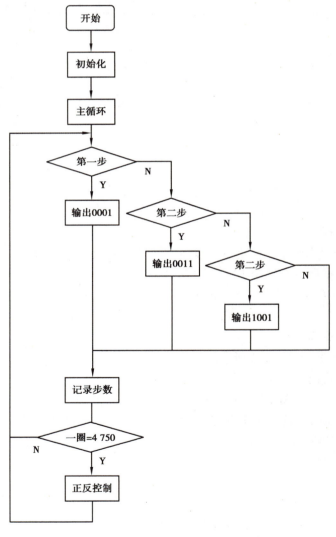

图 12.2　主程序流程图

```
}
else if( step = =2)
{
//0011
HAL_GPIO_WritePin( GPIOA, PA2_Pin |PA0_Pin, GPIO_PIN_RESET);
HAL_GPIO_WritePin( GPIOA, PA4_Pin|PA6_Pin, GPIO_PIN_SET);
HAL_Delay(1);
}
else if( step = =3)
{
//0010
HAL_GPIO_WritePin( GPIOA, PA2_Pin, GPIO_PIN_RESET);
HAL_GPIO_WritePin( GPIOA,PA0_Pin|PA4_Pin|PA6_Pin,GPIO_PIN_SET);
HAL_Delay(1);
}
else if( step = =4)
{
//0110
HAL_GPIO_WritePin( GPIOA, PA2_Pin|PA4_Pin, GPIO_PIN_RESET);
HAL_GPIO_WritePin( GPIOA, PA0_Pin| PA6_Pin, GPIO_PIN_SET);
HAL_Delay(1);
}
else if( step = =5)
{
//0100
HAL_GPIO_WritePin( GPIOA, PA4_Pin, GPIO_PIN_RESET);
HAL_GPIO_WritePin( GPIOA,PA0_Pin|PA2_Pin|PA6_Pin,GPIO_PIN_SET);
HAL_Delay(1);
}
else if( step = =6)
{
//1100
HAL_GPIO_WritePin( GPIOA, PA4_Pin|PA6_Pin, GPIO_PIN_RESET);
HAL_GPIO_WritePin( GPIOA, PA0_Pin|PA2_Pin, GPIO_PIN_SET);
HAL_Delay(1);
}
else if( step = =7)
```

```
    {
    //1000
    HAL_GPIO_WritePin(GPIOA, PA6_Pin, GPIO_PIN_RESET);
    HAL_GPIO_WritePin(GPIOA, PA0_Pin|PA2_Pin|PA4_Pin, GPIO_PIN_SET);
    HAL_Delay(1);
    }
    else if(step==8)
    {
    //1001
    HAL_GPIO_WritePin(GPIOA, PA0_Pin|PA6_Pin, GPIO_PIN_RESET);
    HAL_GPIO_WritePin(GPIOA, PA2_Pin|PA4_Pin, GPIO_PIN_SET);
    HAL_Delay(1);
    }
    t0++;        //加1
    if(zf==0)
      step=8-(t0%8);    //正转
    else
      step=t0%8;        //反转
    if(t0>=9)
      {t0=0;du=(du+9);}       //超出归零
    if(du>=4750)     //4750 一圈走的步数
      {du=0;zf=~zf;}      //转一圈
    }
}
```

【任务小结】

经过程序的调试、编译、下载到 STM32 主控实训板,如图 12.3 所示。

【考核评价】

项目内容	评分点	配分/分	自评分值/分
步进电机控制	主程序流程图正确	20	
	程序编写正确	30	
	实物接线正确	20	
	步进电机转向效果正确	30	
合计		100	

图 12.3 实验效果图

【课后作业】

1. 实现步进电机正向、逆向不同角度的转换。
2. 实现步进电机正向旋转 45°后，OLED 屏显示的角度。
3. 通过学习步进电机知识，探讨直流电机的控制应用。

直流电机

项目 13

温湿度传感器
设计及应用

【项目导读】

应用 Keil 5 程序编写软件、STM32CubeMX 引脚初始化配置,在 STM32F103VBT6 实训开发板上完成温湿度传感器的控制实现。

【教学目标】

- 知识目标:掌握 STM32CubeMX 软件建立项目的步骤,理解温湿度传感器原理及相关库函数。
- 能力目标:会使用 STM32CubeMX 建立项目,使用 STM32 主控板设计一个温度传感器测量系统,使用 C 语言编写程序并实现任务要求。
- 素养目标:通过本项目的学习,培养学生节能降耗的环保意识和热爱劳动的劳模精神。

任务 13.1 测量实时温度与湿度

【任务描述】

应用实训开发板编写程序,使用 DHT11 模块测量温湿度并在 OLED 模块上显示当前测量的温度和湿度。

【思政点拨】

温湿度传感器可以应用在智慧农业温室环境控制系统中。

师生共同思考:拓展讲解我国农业科技发展的现状和趋势,科技发展带给新农村的新变化,国家出台的惠农新政策,激发学生的爱国情怀。

【任务分析】

在 OLED 液晶显示模块中,利用 I^2C 原理进行操作。DHT11 是数字温湿度传感器模块,在采集数据传输时,其温度和湿度值通过串行数据直接输出,故可通过读取端口的状态值采集,传输到 OLED 液晶显示模块显示。

【相关知识】

13.1.1 DHT11 温湿度传感器原理

DHT11 是一款已校准数字信号输出的温湿度传感器。湿度精

DHT11 模块工作原理

度误差正负 5% RH,温度精度误差±2 ℃,量程湿度为 20%~90% RH,温度为 0~50 ℃。

DHT11 作为一款低价、入门级的温湿度传感器,常用在嵌入式设计实例中,它应用专用的数字模块采集技术和温湿度传感技术,确保产品具有极高的可靠性和卓越的长期稳定性。传感器包括一个电阻式感湿元件和一个 NTC 测温元件,并与一个高性能的 8 位嵌入式连接。DHT11 为 4 针单排引脚封装,采用单线制串行接口,只需加适当的上拉电阻,信号传输距离可达 20 m 以上,使其成为各类应用场合,甚至最为苛刻的应用场合的最佳选择。

图 13.1 所示为 DHT11 温湿度传感器的实物图与原理图,通过加入上拉电阻实现其信号传输距离的需求。

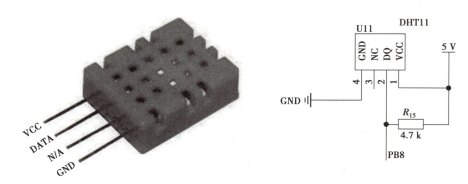

图 13.1　DHT11 温湿度传感器的实物图与原理图

【任务实施】

显示当前的
温度和湿度

1)硬件连接

根据原理图(图 13.2),通过 STM32CubeMX 软件进行引脚配置,配置 PB8,PB7,PB6 为 Output 输出,其中,PB8 是接 DHT11 的 DATD 引脚,PB7,PB6 分别接 OLED 的 SDA 和 SCL。配置完后创建工程。

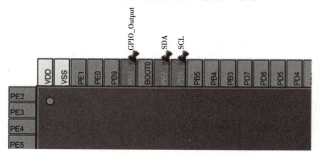

图 13.2　温度传感器引脚

2)软件编程

(1)建立工程

首先使用 STM32CubeMX 建立工程,前面章节中已经详细讲解过,这里不全部列出。

①启动 CubeMX,选择"ACCESS TO MCU SELECTOR",进入目标选择界面。

②在芯片搜索框中输入 STM32F103VBT6,在芯片列表框中双击出现的芯片型号,完成启动芯片。

（2）主程序流程图

主程序流程图,如图 13.3 所示。

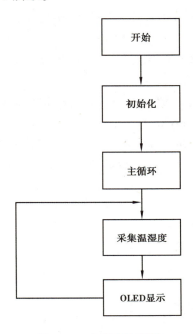

图 13.3 主程序流程图

（3）源程序代码

下面是 DHT11 程序代码,其中重要的程序代码都做了注释,类似的程序代码只做一次注释。

```c
#include "main. h"

//温湿度传感器第 8 引脚宏定义
#define DHT11_SDA GPIO_PIN_8

//温湿度传感器 PB 口宏定义
#define DHT11_COM GPIOB

#define DHT11_SDA_H( )
HAL_GPIO_WritePin( DHT11_COM, DHT11_SDA, GPIO_PIN_SET)
//BP8 输出高电平
#define DHT11_SDA_L( )
HAL_GPIO_WritePin( DHT11_COM, DHT11_SDA, GPIO_PIN_RESET)
```

//BP8 输出低电平

```c
#define DHT11_SDA_READ( ) HAL_GPIO_ReadPin( DHT11_COM,DHT11_SDA)
//PB8 宏定义读数据
uint8_t   U8FLAG,U8temp,U8comdata;
//此变量主要作用于 DHT11,启动读取函数,实现数据的读取
uint8_t   U8T_data_H,U8T_data_L,U8RH_data_H,U8RH_data_L,U8checkdata;
//将 DHT11 每次采集出来的数据读取并转化为温度(U8T_date)和湿度(U8RH_
date)的高位和低位、校验位(U8checkdate)
uint8_t U8T_data_H_temp,U8T_data_L_temp,U8RH_data_H_temp,
U8RH_data_L_temp, U8checkdata_temp;
//将转化的 40 位温湿度高低位数据相加并经校正后赋出值的变量
void delay_us( uint16_t j)      //微秒延时
{
    uint8_t i;
    for( ;j>0;j--)
    {
        for( i=0;i<8;i++) ;
    }
}


void delay_ms( uint16_t j)      //毫秒延时
{
    uint16_t i;
    for( ;j>0;j--)
    {
        for( i=0;i<8000;i++) ;

    }
}


void DHT11_INIT( void)      //配置温湿度传感器端口 PB8
{
    GPIO_InitTypeDef GPIO_InitStruct = {0} ;

    / * GPIO Ports Clock Enable */
    __HAL_RCC_GPIOC_CLK_ENABLE( );
```

```
    __HAL_RCC_GPIOB_CLK_ENABLE();
    __HAL_RCC_GPIOA_CLK_ENABLE();

    /* Configure GPIO pin : DHT11_SDA */
    GPIO_InitStruct. Pin = DHT11_SDA;
    GPIO_InitStruct. Mode = GPIO_MODE_OUTPUT_OD;
    GPIO_InitStruct. Pull = GPIO_NOPULL;
    GPIO_InitStruct. Speed = GPIO_SPEED_FREQ_HIGH;
    HAL_GPIO_Init(GPIOB, &GPIO_InitStruct);

}


void   COM(void)      //启动读取
{
    uint8_t i;
    for(i=0;i<8;i++)
    {
      U8FLAG=2;      //初始化数
      while((! DHT11_SDA_READ())&&U8FLAG++);
      //读端口采集,低电平表示起始信号
      delay_us(10);
      delay_us(10);
      delay_us(10);      //等待
      U8temp=0;
      if(DHT11_SDA_READ())U8temp=1;      //有数据来
      U8FLAG=2;
      while((DHT11_SDA_READ())&&U8FLAG++);      //读取
      if(U8FLAG==1)break;
      U8comdata<<=1;
      U8comdata|=U8temp;
    }

}


void RH(void)      //采集温湿度
{
    DHT11_SDA_L();      //拉低
```

```
    delay_ms(18);
    DHT11_SDA_H();        //拉高
    delay_us(10);
    delay_us(10);
    delay_us(10);
    delay_us(10);         //等待
    if(!DHT11_SDA_READ())    //低电平进入
    {
        U8FLAG=2;
        while((!DHT11_SDA_READ())&&U8FLAG++);        //数据等待
        U8FLAG=2;
        while((DHT11_SDA_READ())&&U8FLAG++);        //启动
        COM();                                      //启动读取
        U8RH_data_H_temp=U8comdata;                 //读取湿度高位
        COM();
        U8RH_data_L_temp=U8comdata;                 //读取湿度低位
        COM();
        U8T_data_H_temp=U8comdata;                  //读取温度高位
        COM();
        U8T_data_L_temp=U8comdata;                  //读取温度低位
        COM();
        U8checkdata_temp=U8comdata;                 //校验位

        DHT11_SDA_H();

    U8temp=(U8T_data_H_temp+U8T_data_L_temp+U8RH_data_H_temp+U8RH_data_L_
temp);        //40位数据相加
        if(U8temp==U8checkdata_temp)                //数据校验对比
        {
            U8RH_data_H=U8RH_data_H_temp;    //把读取值赋出
            U8RH_data_L=U8RH_data_L_temp;
            U8T_data_H=U8T_data_H_temp;
            U8T_data_L=U8T_data_L_temp;
            U8checkdata=U8checkdata_temp;
        }
    }
}
```

下面是主程序代码,其中重要的程序代码都做了注释,类似的程序代码只做一次注释,关于 OLED 的程序这里没做详解请参考前面章节。

```c
#include "main.h"
#include "usart.h"
#include "gpio.h"
#include "oled.h"
#include "dht11.h"
#include "stdio.h"
uint8_t Disp_buff[10];
extern uint8_t
U8T_data_H,U8T_data_L,U8RH_data_H,U8RH_data_L,U8checkdata;
void SystemClock_Config(void);
int main(void)
{
    HAL_Init();
    SystemClock_Config();
    MX_GPIO_Init();
    MX_USART3_UART_Init();
        DHT11_INIT();
        OLED_GPIO_Init();
        OLED_Init();
        OLED_Clear();
        OLED_ShowCHinese(24-10,0,0);       //上电显示温湿度实验板
        OLED_ShowCHinese(40-10,0,1);
        OLED_ShowCHinese(56-10,0,2);
        OLED_ShowCHinese(72-10,0,3);
        OLED_ShowCHinese(88-10,0,4);
        OLED_ShowCHinese(104-10,0,5);
    while (1)
    {
        RH();       //采集温湿度
        sprintf((char *)Disp_buff,":%2d.%1d",U8T_data_H,U8T_data_L);
        //温度
        OLED_ShowString(16*2,4,Disp_buff,16);
        OLED_ShowCHinese(16*5,4,6);
        OLED_ShowCHinese(0,4,0);       //显示温度
        OLED_ShowCHinese(16*1,4,2);
```

```
        sprintf((char *)Disp_buff,":%2d",U8RH_data_H);        //湿度
        OLED_ShowString(16*2,6,Disp_buff,16);
        OLED_ShowCHinese(0,6,1);        //显示湿度
        OLED_ShowCHinese(16*1,6,2);
    }
}
```

【任务小结】

认识并学习温湿度传感器模块的工作原理,知道温湿度传感器模块的电路设计方法,掌握 DHT11 传感器的控制和数据的读取,如图 13.4 所示。

图 13.4　实验效果图

【考核评价】

项目内容	评分点	配分/分	自评分值/分
温湿度显示	主程序流程图正确	20	
	程序编写正确	30	
	实物接线正确	20	
	温湿度测量正确	30	
合计		100	

【课后作业】

1.实现当温度大于 20 ℃时,LED 灯闪烁。

2.实现当温度小于 20 ℃时,LED 灯常亮,数码管显示当前温度,如"19.00"。

项目 14
超声波传感器
设计及应用

【项目导读】

应用 Keil 5 程序编写软件、STM32CubeMX 引脚初始化配置,在 STM32F103VBT6 实训开发板上完成超声波传感器的控制实现。

【教学目标】

• 知识目标:掌握 STM32CubeMX 软件建立项目的步骤,理解超声波原理及相关库函数。

• 能力目标:会使用 STM32CubeMX 建立项目,使用 STM32 主控板设计一个超声波传感器测量系统,使用 C 语言编写程序并实现任务要求。

• 素养目标:通过本项目的学习,培养学生热爱科学的学术态度和勇于创新的精神。

任务 14.1 超声波测量距离

【任务描述】

应用实训开发板编写程序,使用超声波传感器进行距离测量并在数码管上显示测量数值。

【思政点拨】

通过学习超声波传感器距离测量编程,思考如何编写程序实现倒车雷达系统,如何应用在新能源汽车上? 如何设计更多有关超声波测距的国产仪器。

【任务分析】

本次任务将用 HC-SR04 实现超声波测距。超声波工作时,两个压电陶瓷超声传感器,一个发出超声波信号,一个接收反射回来的超声波信号,信号接收回来时,会根据信号从发出到障碍物再到被迅速反弹回来接收一共所用的时间,经公式计算出超声波与障碍物的距离,达到超声波测距的效果。

【相关知识】

14.1.1 超声波介绍

1)超声波构成

开发板所使用的超声波是 HC-SR04 超声波模块。HC-SR04 超声波

超声波模块
介绍

主要是由两个通用的压电陶瓷超声传感器和外围信号处理电路构成的,常用于机器人避障、物体测距、液位检测、公共安防、停车场检测等场所,如图14.1所示。

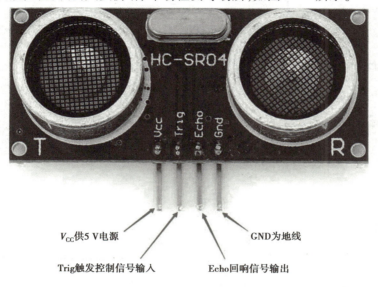

V_{CC}供5 V电源

Trig触发控制信号输入

GND为地线

Echo回响信号输出

图14.1 超声波传感器实物图

2)超声波测距原理

超声波测距原理是超声波发射器发出超声波,接收器接收超声波。超声波发射器向某一方向发射超声波,在发射的同时开始计时,途中遇到障碍物后立即返回。超声波接收器接收到反射波后立即停止计时,如图14.2所示。

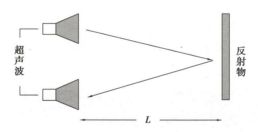

超声波

反射物

L

图14.2 超声波测距过程

3)超声波测距模块工作原理

①采用I/O口触发测距,至少给10 μs的高电平信号。

②模块自动发送8个40 kHz的方波,自动检测是否有信号返回。

③有信号返回时,通过I/O口输出高电平,高电平持续时间是超声波从发射到返回的时间。

4)超声波工作时序图

超声波工作时序图,如图14.3所示。

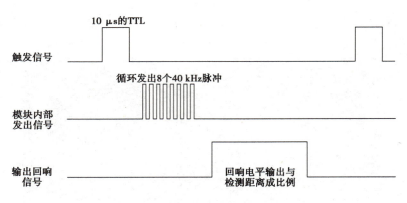

图 14.3　超声波工作时序图

【任务实施】

1）硬件连接

超声波原理接线图如图 14.4 所示。

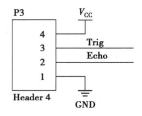

图 14.4　超声波原理接线图

超声波车辆
距离应用

首先在 CubeMX 软件中，设置输入引脚 PB7，连接 ECHO，初始为高电平，输出引脚 PB6 为 TRIG，然后设置用于显示距离的数码管，其段码、位码选输出引脚 PC1 ~ PC7 并命名，如图 14.5 所示。

Pin Name	Signal o.	GPIO ou	GPIO m.	GPIO Pu.	Maxi...	User Label	Modified
PB7	n/a	n/a	Input mode	No pull-u...	n/a	ECHO	☑
PB6	n/a	Low	Output P...	No pull-u...	Low	TRIG	☑
PC1	n/a	Low	Output P...	No pull-u...	Low	SCLK	☑
PC2	n/a	Low	Output P...	No pull-u...	Low	LOAD	☑
PC3	n/a	Low	Output P...	No pull-u...	Low	SDI	☑
PC4	n/a	Low	Output P...	No pull-u...	Low	A0	☑
PC5	n/a	Low	Output P...	No pull-u...	Low	A1	☑
PC6	n/a	Low	Output P...	No pull-u...	Low	A2	☑
PC7	n/a	Low	Output P...	No pull-u...	Low	OE	☑

图 14.5　引脚配置图

除此之外，还需配置一个定时器 TIM3 将定时器中断打开，如图 14.6 所示。

配置好引脚和 TIM3 后，生成代码并在该工程中编写代码。

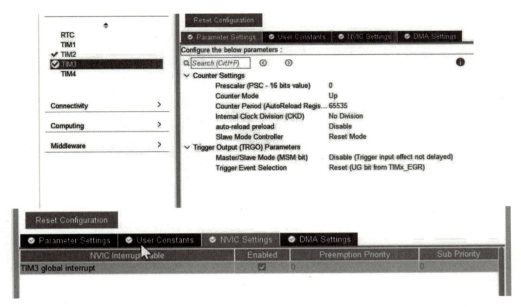

图 14.6　定时器中断参数配置图

2) 软件编程

（1）建立工程

首先使用 STM32CubeMX 建立工程，前面章节中已经详细讲解过，这里不全部列出。

①启动 CubeMX，选择"ACCESS TO MCU SELECTOR"，进入目标选择界面。

②在芯片搜索框中输入 STM32F103VBT6，在芯片列表框中双击出现的芯片型号，完成启动芯片。

（2）主程序流程图

主程序流程图，如图 14.7 所示。

（3）源程序代码

下面是主要程序代码，有些程序代码这里没有列出，其中重要的程序代码都做了注释，类似的程序代码只做一次注释，完整的程序详见教学资源中的程序及实验视频。

在编程时，先定义一些变量和函数：

```
void delay_us(uint32_t us);          //延时函数
void HC595(uint8_t DATA);            //595 数码管段选
void HC138(uint8_t wei);             //138 位选

void SMG_F1(void);                   //功能 1:逐位检测
void SMG_F2(void);                   //功能 2:时间显示
void SMG_F3(uint16_t data,uint8_t f);//功能 3:5 位数显示

void call(void);                     //超声波
//数码管数字共阳数据
```

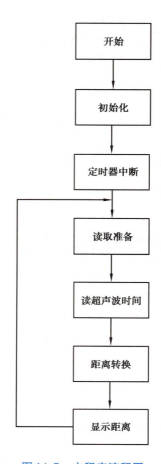

图 14.7　主程序流程图

//模块是公阴 用时需要取反处理

uint8_t dat[12]={

0xc0,0xf9,0xa4,0xb0,0x99,0x92,0x82,0xf8,0x80,0x90,0xbf,0xff

//0,1,2,3,4,5,6,7,8,9,-

};

uint8_t hh=0,mm=0,ss=0;　　　　　　　//时间变量

uint8_t begin;　　　　　　　　　　　//开启超射波标志

uint32_t ys=0;

//超声波启动距离转换

这里的数码管模块用的是共阴极的,因此在使用共阳字模时,要进行取反过程。

HC595(~dat[a0[j]]);　　 //595 数码管段选(共阳数据 取反后才能用)

定义 begin 为开启超声波标志,初始值默认为 0。还需要在主函数中添加 TIM3 中断启动函数。

HAL_TIM_Base_Start_IT(&htim3); //中断启动函数

在 while(1)中,当 begin==0 时,call()函数开始执行,启动超声波。

```
while(1)
{
    if(begin==0)
    {
        call();
    }
}
```

在 call()中,当超声波信号发出后,TRIG 一直拉高,直到遇到障碍物超声波信号被接收时,TRIG 拉低电平,之后 EHCO 输入为 1 时,ys 清零,begin=1,得到的数据被开始转换成距离,超声波完成一次声波的发送、接收。

```
//GPIO_PIN_6    TRIG_Pin
//GPIO_PIN_7    ECHO_Pin
void call(void)
{
    uint8_t i=30;  //用来启动距离转换延时
    //================启动距离转换脉冲============
    HAL_GPIO_WritePin(GPIOB,TRIG_Pin,GPIO_PIN_SET);
    while(i--);
    HAL_GPIO_WritePin(GPIOB,TRIG_Pin,GPIO_PIN_RESET);
    //===============================================
    if(HAL_GPIO_ReadPin(GPIOB,ECHO_Pin)==1)
    {
        ys=0;    //计时清零
        begin=1;    //开启转换
    }
}
```

当距离转换开始时,begin=1,执行 tim 回调函数中的语句,定时器 TIM3 启动计数。此时 EHCO 输入为 1 时,ys 开始自增且每加一时,相当于加 10 μs。Begin=2,计时得到 ys 的值,经公式转化成距离。当 ys<5 时或 ys>32 时,数码管不显示距离;当 5=<ys<=32 时,显示当前距离,之后超声波标志 begin=0,又回到 while(1)中,重复执行以上步骤。

```
if((htim->Instance == TIM3) &&begin==1)
{
    if(HAL_GPIO_ReadPin(GPIOB,ECHO_Pin)==1) {ys++;}
    //定时器计时 ys*10 μs
```

```
        else
        {
            begin=2;        //转换完成
            ys=ys*1.72/10;      //换算成 ys cm

            if(ys<=32&&ys>=5)       //5~32 cm 障碍范围内
            {

                SMG_F3(ys,0);       //功能 3:5 位数显示

            }
            else if(ys>32)      //大于 32 cm 无障碍
            {

                SMG_F3(10,0);       //功能 3:5 位数显示

            }
            else if(ys<5) {SMG_F3(0,1);}        //小于 5 cm 进入盲区
            begin=0;
        }
    }
```

【任务小结】

最后下载程序,观察现象,能显示在有效范围内的距离,如图 14.8 所示。

图 14.8 实验效果图

【考核评价】

项目内容	评分点	配分/分	自评分值/分
超声波测距	主程序流程图正确	20	
	程序编写正确	30	
	实物接线正确	20	
	超声波测距正确	30	
合计		100	

【课后作业】

1. 实现当距离大于 200 cm 时，LED 灯闪烁。
2. 实现当距离小于 150 cm 时，LED 灯熄灭。

项目 15
环境质量传感器
设计及应用

【项目导读】

应用 Keil 5 程序编写软件、STM32CubeMX 引脚初始化配置,在 STM32F103VBT6 实训开发板上完成环境质量传感器的控制实现。

【教学目标】

• 知识目标:掌握 STM32CubeMX 软件建立项目的步骤,环境质量传感器原理及相关库函数。

• 能力目标:会使用 STM32CubeMX 建立项目,使用 STM32F103 主控板、PMS7003M 数字式通用颗粒物浓度传感器模块、OLED 显示模块组建一个环境质量传感器模块采集显示系统。使用 C 语言编写程序并调试出任务要求效果。

• 素养目标:通过本项目的学习,培养学生的环保意识和安全规范职业准则。

任务 15.1　显示当前 $PM_{2.5}$ 的值

【任务描述】

应用实训开发板编写程序,使用 PMS7003M 传感器测量当前 $PM_{2.5}$ 的值并在 OLED 模块上显示出来。

【思政点拨】

通过本节环境检测知识的学习,师生共同思考如何制作一套环境检测综合测试系统,检测自己家乡的环境质量及蓝天白云的天数,深刻理解生态文明的含义。

【任务分析】

应用 STM32F103 主控板、PMS7003M 数字式通用颗粒物浓度传感器模块、OLED 显示模块组成颗粒物浓度采集显示系统,编写程序,在 OLED 显示器屏幕第一行上显示"空起质量检测",第二行上显示"$PM_{2.5}$:"及具体值。PMS7003M 数字式通用颗粒物浓度传感器模块实物如图 15.1 所示;PMS7003M 数字式通用颗粒物浓度传感器模块实物图如图 15.2 所示。

图 15.1　PMS7003M 数字式通用颗粒物浓度传感器模块实物图

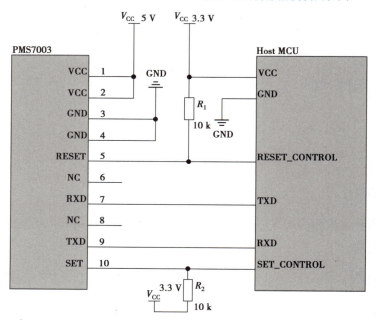

图 15.2　PMS7003M 数字式通用颗粒物浓度传感器连接核心原理图

【相关知识】

15.1.1　PMS7003M 传感器介绍

环境质量
传感器模块讲解

在本环境质量传感器模块采集显示系统中,主要是 PMS7003M 数字式通用颗粒物浓度传感器的使用。为了数据采集正常,该传感器有以下几点注意事项:

①传感器需要 5 V 供电,这是因为风机需要 5 V 电源驱动。但其他数据通信和控制管脚均需要 3.3 V 作为高电平。同时,与传感器连接通信的 STM32F103 主控板也为 3.3 V

供电。

②传感器中 SET 和 RESET 内部有上拉电阻,本电路不使用,悬空处置。

③传感器 PIN6 和 PIN8 为程序内部调试用,应用电路中使其悬空不用。

④传感器风扇启动需要至少 30 s 的稳定时间。为了获得准确的数据,在应用休眠功能时,休眠唤醒后传感器工作时间 30 s 后才能采集有效数据,本实验持续采集显示。

【任务实施】

显示当前的 $PM_{2.5}$ 值

1)硬件连接

原理接线图如图 15.3 所示。

使用串口通信 USART1 来实现 PMS7003 与 STM32 开发板的数据传输,需用杜邦线将传感器上的 TX 与开发板的 RX(PA10)、RX 与开发板的 TX(PA9)连接,5 V、GND 直接接在板子的 5 V、GND 上,使用 CubeMX 创建工程软件时,需要对串口 USART1 进行配置,如图 15.4 所示。这里 USART1 的波特率为 9 600 bit/s,传输字长默认为 8 位,无校验位,停止位为 1。此外,还需开启串口中断,之后再配置好 OLED 的引脚 PB6 和 PB7。

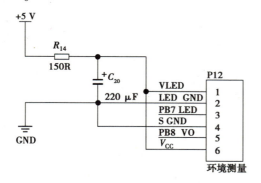

图 15.3 原理接线图

2)软件编程

（1）建立工程

首先使用 STM32CubeMX 建立工程,前面章节中已经详细讲解过,这里不全部列出。

①启动 CubeMX,选择"ACCESS TO MCU SELECTOR",进入目标选择界面。

②在芯片搜索框中输入 STM32F103VBT6,在芯片列表框中双击出现的芯片型号,完成启动芯片。

（2）主程序流程图

主程序流程图,如图 15.5 所示。

（3）源程序代码

下面是主要程序代码,有些程序代码这里没有列出,其中重要的程序代码都做了注释,类似的程序代码只做一次注释,完整的程序详见教学资源中的程序及实验视频。

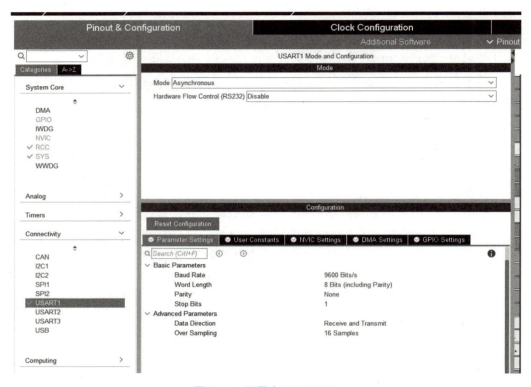

图 15.4　配置串口 USART1

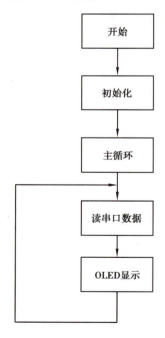

图 15.5　主程序流程图

```
/* 环境质量传感器模块即 PM2.5 模块读取环境 PM2.5 值,模块使用串口通信 */
/* 读取模块发出的数据,然后把数值转换用 OLED 显示出数值 */
#include "main. h"
#include "stm32l0xx_hal. h"
#include "stdio. h"
#include "string. h"
#include "math. h"
#include "delay. h"
#include "OLED. h"
UART_HandleTypeDef huart1;
uint8_t RxData1[100];     //缓存串口读出的 32 位值
uint16_t PM2_5;      //读出缓存的高位和低位
uint8_t t0=0;     //变量加载
static void MX_USART1_UART_Init(void);


/* 主函数代码 */
int main(void)
{
HAL_Init();
SystemClock_Config();
MX_USART1_UART_Init();
MX_GPIO_Init();
MX_TIM2_Init();
OLED_GPIO_Init();     //端口初始化
OLED_Init();     //OLED 初始化
OLED_DrawBMP(0, 0,128, 8, BMP);     //显示图片
HAL_Delay(2000);     //显示延时
OLED_Clear();     //清除
OLED_ShowCHinese(16*1,0,0);     //空气质量检测
OLED_ShowCHinese(16*2,0,1);
OLED_ShowCHinese(16*3,0,2);
OLED_ShowCHinese(16*4,0,3);
OLED_ShowCHinese(16*5,0,4);
OLED_ShowCHinese(16*6,0,5);
OLED_ShowString(0,4,"PM2.5: %",16);     //显示 PM2.5:%
while (1)
{
  HAL_UART_Receive_IT(&huart1,RxData1,32);     //读串口数据
  t0++;  //加载量
```

```
    //核对帧头,第一位是0x42,第二位是0x4d
  if(RxData1[0] == 0x42 && RxData1[1] == 0x4d)
  {
    PM2_5 = (RxData1[12]<<8) + RxData1[13];
    //数据读出取出高位数据和低位数据
  }
  if(t0>=50)      //控制显示次数
  {
    OLED_ShowNum(48,4,PM2_5,2,16);      //直接送显示
    t0=0;
  }
}
}
/*串口中断函数*/
static void MX_USART1_UART_Init(void)
{
huart1.Instance = USART1;
huart1.Init.BaudRate = 9600;
huart1.Init.WordLength = UART_WORDLENGTH_8B;
huart1.Init.StopBits = UART_STOPBITS_1;
huart1.Init.Parity = UART_PARITY_NONE;
huart1.Init.Mode = UART_MODE_TX_RX;
huart1.Init.HwFlowCtl = UART_HWCONTROL_NONE;
huart1.Init.OverSampling = UART_OVERSAMPLING_16;
huart1.Init.OneBitSampling = UART_ONE_BIT_SAMPLE_DISABLE;
huart1.AdvancedInit.AdvFeatureInit = UART_ADVFEATURE_NO_INIT;
if (HAL_UART_Init(&huart1) != HAL_OK)
{
    Error_Handler();
}
}
/*定时器开始用于I²C通信*/
static void MX_TIM2_Init(void)
{
htim2.Instance = TIM2;
htim2.Init.Prescaler = 31;
htim2.Init.CounterMode = TIM_COUNTERMODE_UP;
htim2.Init.Period = 0XFFFF;
htim2.Init.ClockDivision = TIM_CLOCKDIVISION_DIV1;
```

```
if（HAL_TIM_IC_Init（&htim2）！= HAL_OK）
{
    Error_Handler（）；
}
HAL_TIM_Base_Start_IT（&htim2）；    // TIM 回调函数
}
```

【任务小结】

最后下载程序,观察现象,能显示在有效范围内的距离,如图 15.6 所示。

图 15.6　实验效果图

【考核评价】

项目内容	评分点	配分/分	自评分值/分
环境质量测量	主程序流程图正确	20	
	程序编写正确	30	
	实物接线正确	20	
	PM$_{2.5}$ 值测量距离正确	30	
合计		100	

【课后作业】

1. 实现当 PM$_{2.5}$ 值大于 20 时,LED 灯闪烁,蜂鸣器响起。

2. 实现当 PM$_{2.5}$ 值小于 20 时,LED 灯关闭,蜂鸣器关闭。

参考文献

［1］张勇.ARM Cortex-M3 嵌入式开发与实践:基于 STM32F103［M］.北京:清华大学出版社,2017.

［2］付少华.单片机控制装置安装与调试［M］.重庆:重庆大学出版社,2013.

［3］刘火良,杨森.STM32 库开发实战指南:基于 STM32F103［M］.2 版.北京:机械工业出版社,2017.

［4］付少华,叶光显.嵌入式编程［M］.北京:中国劳动社会保障出版社,2020.

［5］付少华,伊洪良.硬件设计及故障维修［M］.北京:中国劳动社会保障出版社,2020.

［6］郭志勇.嵌入式技术与应用开发项目教程(STM32 版)［M］.北京:人民邮电出版社,2019.